"十四五"职业教育部委级规划教材

 浙江省高职院校"十四五"重点立项建设教材

# 女装纸样设计

郭雪松　编著

中国纺织出版社有限公司

# 内 容 提 要

本书为"十四五"职业教育部委级规划教材,浙江省高职院校"十四五"重点立项建设教材。

本书主要运用服装企业通用CorelDraw软件绘制款式图、CAD制板,用CLO3D虚拟试衣软件讲解女装纸样技术,实现女装根据款式图进行平面结构设计,再通过虚拟试衣缝合服装样板,直接观察女装成品的立体效果,正确认识女装成衣制板的过程及效果。

本书既可以作为高等院校服装专业的教材,也可以作为企业相关从业人员的参考书使用。

**图书在版编目(CIP)数据**

女装纸样设计 / 郭雪松编著. -- 北京 : 中国纺织出版社有限公司,2025.2. --("十四五"职业教育部委级规划教材). -- ISBN 978-7-5229-2144-0

I. TS941.717

中国国家版本馆CIP数据核字第2024W9K081号

责任编辑:苗 苗　责任校对:高 涵　责任印制:王艳丽

中国纺织出版社有限公司出版发行

地址:北京市朝阳区百子湾东里A407号楼　邮政编码:100124

销售电话:010—67004422　传真:010—87155801

http://www.c-textilep.com

中国纺织出版社天猫旗舰店

官方微博 http://weibo.com/2119887771

三河市宏盛印务有限公司印刷　各地新华书店经销

2025年2月第1版第1次印刷

开本:787×1092　1/16　印张:15

字数:275千字　定价:59.80元

# 前言

　　《女装纸样设计》是服装设计与工艺专业核心课程的配套教材之一。杭州职业技术学院作为骨干学校，其中服装设计与工艺专业更是优势专业，服装教师团队一直在专业教学课改方面不断地进行探索，《女装纸样设计》是服装团队多年在教学实践中不断积累的经验成果。

　　同时，《女装纸样设计》为新形态教材，除纸质教材外，还附加了视频资源。

　　本教材采用了企业实际的制板技术及方法，根据女装制板技术的难易程度，由浅及深、循序渐进，整理了女装成衣制板相关的理论知识点，采用了理论与实践相结合的教学方法。

　　本教材的编写是基于信息化教学改革的背景，建立以学生为主体、以就业为导向的教材编写理念，打破学科体系完整性的约束，在教材的内容取舍、维度把握、弹性空间和核心价值体现上都立足于就业需要，面向学生需求，把理论知识、实践技能、应用环境结合起来，融为一体，为学生构建通向就业的桥梁，真正发挥职业教育教材的核心作用。

　　本教材是浙江省高职院校"十四五"重点立项建设教材，教材内容设计是在学生有一定的服装专业基础的前提下，根据品牌女装当季流行款产品开发的设计稿进行纸样设计，并按照企业产品质量要求进行样衣制作。通过教材中内容的学习，旨在培养学生岗位实际工作能力，掌握女装产品成衣制板的最新技术，提升服装专业学生的核心技术能力。

　　本教材融入思政元素，以服装审美、匠心技艺、职业素养为理念通过款式图及制板提升学生服装审美，在讲解过程中不断打磨制板技术，培养学生的匠心技艺。在学生实践过程中，通过运用环保材料不断创新款式设计，提升学生的职业素养。

　　本教材内容设计主要应用于服装专业教学，以图为主，将企业制板方法与立体造型相结合剖析服装的结构设计原理。本教材首先将女装成衣制板分解为衣身、袖子、领子三个核心部位进行结构分析和造型设计。其中，女装衣身部分为外套、连衣裙、风衣、大衣结构分析；袖子部分依据袖隆造型分析基本袖结构，延伸市场中主要的变化袖型分析讲解结构设计与制板，通过运用立体与平面相结合的方法调试结构的装配合理性；领子部分根据颈部特点分析基本领子造型，根据款式进行流行领型的制板设计。最后，通过款式综合分析，包括衣身变化、袖子变化、领子变化，进行流行款成衣女装结构设计讲解，由浅入深，逐步掌握女装成衣纸样设计的方法。通过方法的引入让学习者面对女装变化设计时，能够以正确的方法，以不变应万变，从而拓展制板的学习思维。

由于时间仓促，书中难免存在疏漏之处，恳请各位同行、专家、读者不吝赐教。

郭雪松

2023年12月

# 教学内容及课时安排

| 章（课时） | 课程性质（课时） | 节 | 课程内容 |
|---|---|---|---|
| 第一章<br>（4课时） | | ● | 衣身纸样设计 |
| | | 一 | 衣身省道纸样设计 |
| | | 二 | 衣身分割纸样设计 |
| 第二章<br>（8课时） | 服装部件纸样设计<br>（20课时） | ● | 袖型纸样设计 |
| | | 一 | 一片袖纸样设计 |
| | | 二 | 两片袖纸样设计 |
| | | 三 | 插肩袖纸样设计 |
| | | 四 | 落肩袖纸样设计 |
| | | 五 | 连身袖纸样设计 |
| 第三章<br>（8课时） | | ● | 领型纸样设计 |
| | | 一 | 立领纸样设计 |
| | | 二 | 衬衫领纸样设计 |
| | | 三 | 驳领纸样设计 |
| | | 四 | 翻领与翻立领纸样设计 |
| 第四章<br>（20课时） | 上、下装设计<br>（40课时） | ● | 女上装纸样设计 |
| | | 一 | 紧身女上装纸样设计 |
| | | 二 | 合体女上装纸样设计 |
| | | 三 | 宽松女上装纸样设计 |
| 第五章<br>（20课时） | | ● | 裤装纸样设计 |
| | | 一 | 合体裤纸样设计 |
| | | 二 | 紧身裤纸样设计 |
| | | 三 | 宽松裤纸样设计 |

**注** 本教材适用的专业方向包括：服装设计与工程、服装与服饰设计专业等。总课时为60课时。各院校可根据自身教学特色和教学计划对课程时数进行调整。

# 目录

# 第一章

# 衣身纸样设计

**课题名称：**衣身纸样设计

**课题内容：**1.衣身省道纸样设计

2.衣身分割纸样设计

**课题时间：**4课时

**教学目的：**掌握衣身省道与衣身分割纸样设计的相关知识

**教学方式：**理论讲授与实践操作

**教学要求：**1.掌握衣身省道的结构设计方法

2.掌握衣身分割的结构设计方法

**课前（后）准备：**相关教案、PPT、视频等

# 第一节　衣身省道纸样设计

## 一、紧身衣身省道纸样设计

### （一）紧身衣身款式分析

#### 1.款式特点

紧身衣身基本型属于贴体衣身造型结构，前中无缝，前衣身设有袖窿省和肩省、双胸省，后中设有背缝，前、后衣身均有腰省，衣身两侧设有侧缝线，领口、袖窿分别为基础领口造型与基础袖窿造型，因是基础型，不设穿脱方式。

#### 2.紧身衣身款式图（图1-1-1）

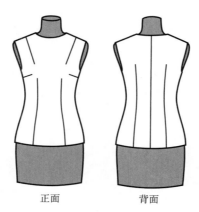

正面　　　　　背面

图1-1-1　紧身衣身款式图

### （二）衣身基本型线条及名称（图1-1-2）

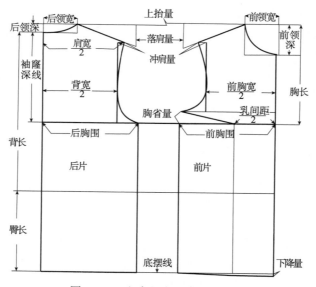

图1-1-2　衣身基本型线条及名称

### （三）衣身规格尺寸设计

**1. 女装成衣制板规格尺寸**

155/80A~175/88A号型是女装常用的人体规格尺寸。女装成衣制板是在人体规格尺寸基础上，根据服装款式、面料、人体活动功能的需求进行的（表1-1-1）。

**表1-1-1　女体净尺寸部分规格参考表**

单位：cm

| 部位 | 身高 | 颈椎点高 | 胸围 | 颈围 | 腰围 | 臀围 | 肩宽 | 臂长 | 腰节 |
|---|---|---|---|---|---|---|---|---|---|
| 尺寸规格 | 155 | 132 | 76 | 32 | 60 | 84 | 38 | 49 | 37 |
| | 160 | 136 | 80 | 33 | 64 | 88 | 39 | 50.5 | 38 |
| | 165 | 140 | 84 | 34 | 68 | 92 | 40 | 52 | 39 |
| | 170 | 144 | 88 | 35 | 72 | 96 | 41 | 53.5 | 40 |
| | 175 | 148 | 92 | 36 | 76 | 100 | 42 | 55 | 41 |
| 档差 | 5 | 4 | 4 | 1 | 4 | 4 | 1 | 1.5 | 1 |

**2. 人体体型分类代号与胸腰差取值**

衣身制板中，腰省大小分配的值，需要参考人体体型分类代号与胸腰差取值（表1-1-2），胸围与腰围之差的中间值是制板常用取值。

**表1-1-2　人体体型分类代号与胸腰差取值**

单位：cm

| 体型分类代号 | Y | A | B | C |
|---|---|---|---|---|
| 胸围与腰围之差数 | 24~19 | 18~14 | 13~9 | 8~4 |
| 中间值 | 22 | 16 | 11 | 6 |

**3. 女装成衣制板胸围放松量**

女装成衣制板胸围放松量是最重要的规格尺寸，它决定了衣身的基本造型。服装的胸围放松量在设计时，参考表1-1-3，同时也要考虑人体体型、服装款式、面料等因素。

**表1-1-3　紧身衣身胸围放松量参考表**

单位：cm

| 女装类型 | 胸围放松量 | 胸省量 |
|---|---|---|
| 紧身型夏装 | 6 | 3.5~4 |
| 紧身型春装 | 8 | 3.5 |
| 紧身型秋冬装 | 12~14 | 2.5~3 |

**注**　以上胸围放松量与胸省量的取值分类仅供参考，实际参数根据体型、季节、面料等因素而定。

### （四）女装胸省规格设计

#### 1.胸省取值

胸省是女装结构设计的重点部分，款式结构设计时，根据胸围放松量选取胸省量的值。在结构设计中，前片衣身结构设计体现了服装胸围放松量越大、胸省量越小，才能保持衣身平衡。在前衣片结构设计中，胸围放松量较大时，功能型分割线要远离胸高点；反之胸围放松量越小、胸省量越大，分割线离胸高（BP）点越近，这样才能保持衣身结构合理（表1-1-4）。

表1-1-4　紧身衣身胸省取值参考表

单位：cm

| 服装款式特点 | 胸省取值 |
|---|---|
| 前身腰省设计位置距离接近胸高点 | 2.5~3 |
| 前身设有双胸省的服装款式 | 3.5~4 |

#### 2.胸省量大小

胸省量大小决定了前衣片胸围处的包容量。在结构设计时，注意前衣身平衡，围度与前、后衣身松量有关系，长度与前片的上平线上抬量和下平线下降量有关（表1-1-5）。

表1-1-5　胸省量大小与前片上抬量和下降量之间的参考值

单位：cm

| 按季节划分 | 夏季紧身型 | 春季紧身型 | 秋季紧身型 | 冬季紧身型 |
|---|---|---|---|---|
| 胸省量（$X$） | 4 | 3.5 | 3 | 2.5 |
| 上抬量（$\frac{X}{2}-1$） | 1 | 0.75 | 0.5 | 0.25 |
| 下降量（$2-\frac{X}{2}$） | 0 | 0.25 | 0.5 | 0.75 |

### （五）衣身基本型结构设计

#### 1.紧身衣身规格尺寸

参考款式图进行衣身规格设计，按照长度尺寸和围度尺寸设置尺寸（表1-1-6）。

表1-1-6　紧身衣身规格设计

单位：cm

| 长度尺寸 | | 围度尺寸 | |
|---|---|---|---|
| 胸省量（$X$） | 4 | 胸围（$B$） | 84（型）+6（放松量）=90 |
| 后领深 | 2 | 后领宽 | $\frac{B}{20}+3=7.5$ |
| 背长 | 40 | 前领宽 = 前领深 | 后领宽 — 0.5=7 |
| 臀长（HL） | 18 | 前、后胸围 | $\frac{B}{4}=22.5$ |

续表

| 长度尺寸 | | 围度尺寸 | |
|---|---|---|---|
| 袖窿深 | $\dfrac{B}{4}-1.5=21$ | 后背宽 | $\dfrac{1.5B}{10}+3.5=17$ |
| 前片上抬量 | 0.75 | 冲肩量 | 1.5 |
| 前片下降量 | 0.25 | 后胸宽－前胸宽 | 1.2~1.4（中间值1.3） |
| 落肩量 | 15：5.5（后）<br>15：6.3（前） | 后小肩－前小肩 | 0.5（面料厚薄） |
| BP点至侧颈点的<br>垂直距离 | $\dfrac{号+型}{10}\approx25$ | BP点至前中心线的水平<br>距离 | $\dfrac{B}{10}-0.5=8.5$ |

**2. 紧身衣身框架设计**

（1）基础框架绘制：先绘制长度尺寸，再绘制围度尺寸，重点是后领深不包含在后衣身的长度中。根据长度尺寸依次绘制后领深线、袖窿深线、腰围线、臀围线等长度尺寸。在长度尺寸的基础上依次量取围度尺寸，如后领宽、后胸围。在后片的基础上绘制前片结构，首先在BP点处绘制胸省量的大小，然后绘制前衣身的上抬量和下降量，确定前、后衣身的平衡结构，在此基础上绘制前领口、前胸围结构线。根据BP点绘制胸省，注意省边等长（图1-1-3）。

（2）基础弧线绘制：首先绘制后肩的落肩比例15：5.5（不含垫肩量），确定后背宽，在后背宽的基础上绘制冲肩量，确定后片小肩斜线长度。由此，可以绘制前肩落肩、前胸宽、前小肩斜线长度。在此基础上，等分袖窿深线，确定袖窿弧线绘制的切点，根据领口弧线的绘制方法，重点是肩端点设置肩角度，前肩角度85°，后肩角度95°，前、后肩斜线合并后袖窿弧线呈180°水平状态，参考绘图等分线进行袖窿与领口弧线的绘制（图1-1-4）。

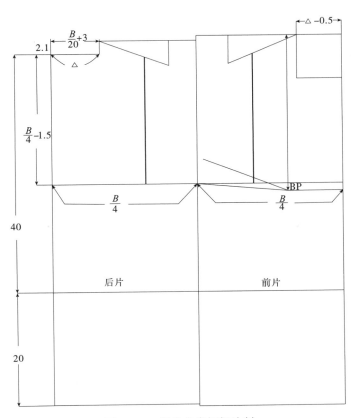

图1-1-3 紧身衣身框架绘制

### 3. 紧身衣身胸、腰省量设计

（1）胸省量及省位确定的方法，如图1-1-5所示。当胸省量大于3cm时，建议将一个省量转化为多个省，形成自然胸型结构。省的结构围绕BP点进行设计，注意考虑款式、面料、人体等因素。在紧身衣身结构中，将胸省量分为2等份，根据款式图，省尖点设计在BP点，省端点设计在袖窿和肩部（图1-1-6）。

（2）依据人体胸腰结构进行腰省量及省位置的设计，通过图1-1-7了解腰省大小与人体结构之间的关系，观察人体侧面看到后腰省量最大，前腰省与侧缝省比较接近。在衣身结构中以侧缝为基准，后片腰部收省量占胸腰差的60%~65%，前片腰部收省量占胸腰差的35%~40%。腰部收省量大小参考165/84A胸腰差14~18cm，紧身衣身的腰省量取胸腰差最大值18cm。如图1-1-8所示，根据底边的围度与腰省成反比关系，在设计底边取值时，应注意侧面是人体的胯部，对应的底边围度应略大一些。根据款式图设计后片与前片的省位及大小。

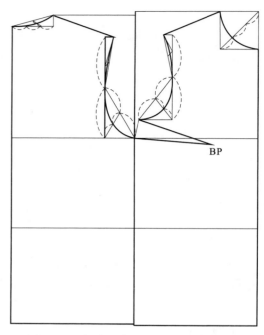

图1-1-4 紧身衣身领口、袖窿弧线绘制

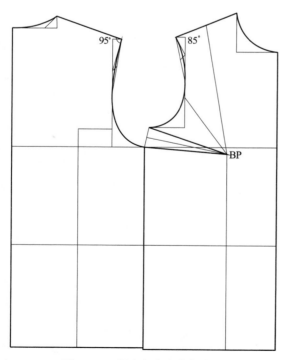

图1-1-5 紧身衣身胸省位确定

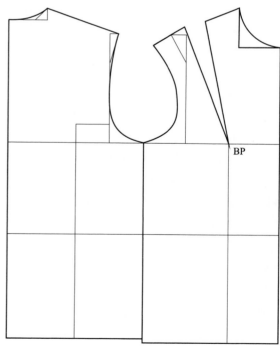

图1-1-6 紧身衣身胸省转移

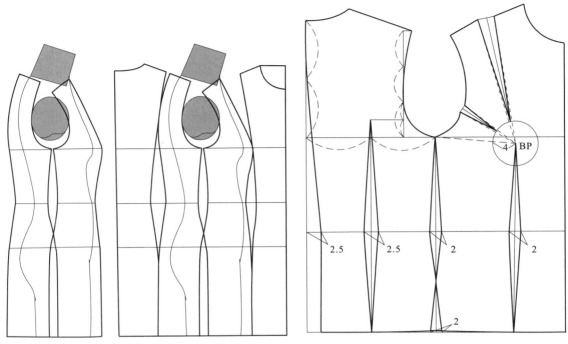

图1-1-7　腰省与人体结构的关系　　　　　　图1-1-8　紧身衣身腰省绘制

**4.紧身衣身试衣效果**

（1）紧身衣身纸样设计样板放缝：在基本型结构的基础上加放缝份。其中，底边缝份3~3.5cm，领口缝份0.6cm，袖窿缝份0.8cm，其余部位均为1cm缝份（图1-1-9）。

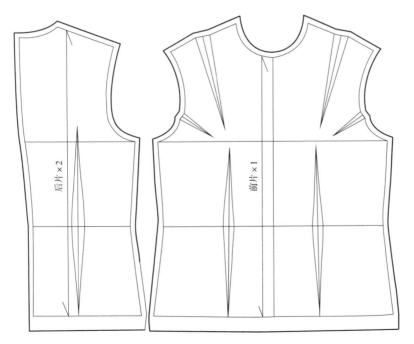

图1-1-9　紧身衣身缝份示意图

扫一扫可见紧身
衣身省道纸样
设计视频

（2）紧身衣身3D试衣：根据紧身衣身样板进行工艺缝制试样，从三维角度观看成衣效果。正面看袖窿省和肩省的双省效果，侧面看前、后衣身平衡效果，背面看后中分割及后省的效果（图1-1-10）。

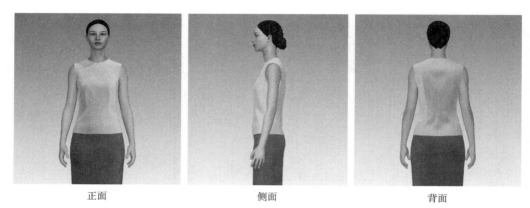

正面　　　　　　　　　　　侧面　　　　　　　　　　　背面

图1-1-10　紧身衣身3D试衣示意图

## 二、合体衣身省道纸样设计

### （一）合体衣身款式分析

#### 1.款式特点

合体衣身基本型属于合体造型结构，前中无缝，在前衣身设有肩省和通底腰省，衣身两侧设有侧缝线，后背有中缝及通底腰省，领口、袖窿为基础领口造型与基础袖窿造型，因是基础型，不设穿脱方式。

#### 2.合体衣身款式图（图1-1-11）

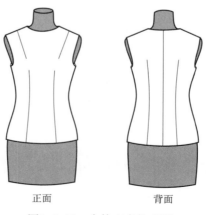

正面　　　　　　　　背面

图1-1-11　合体衣身款式图

### （二）合体衣身胸围放松量

根据季节设计合体衣身的放松量，同时也要考虑人体体型、服装款式、面料等因素，参考表1-1-7。

表1-1-7 合体衣身胸围放松量参考表

单位：cm

| 服装类型 | 胸围放松量 | 胸省量 |
|---|---|---|
| 合体型春夏装 | 8 | 3~3.5 |
| 合体型春秋装 | 10~14 | 2.5~3 |
| 合体型秋冬装 | 16~20 | 2~2.5 |

注 以上胸围松量与胸省量的取值分类仅供参考，实际参数根据体型、季节、面料等因素而定。

### （三）合体衣身胸省量取值

合体衣身女装胸省位置一般在BP点附近，不宜过远（表1-1-8）。

表1-1-8 合体衣身胸省取值参考表

单位：cm

| 服装款式特点 | 胸省取值 |
|---|---|
| 前身腰省设计位置在胸点与腋点之间 | 1.5~2 |
| 前身腰省设计位置接近胸高点 | 2.5~3 |

### （四）合体衣身前片上抬量和下降量取值参考（表1-1-9）

表1-1-9 胸省量大小与前片上抬量和下降量之间的参考值

单位：cm

| 按季节划分 | 夏季合体型 | 春季合体型 | 秋季合体型 | 冬季合体型 |
|---|---|---|---|---|
| 胸省量（$X$） | 3.5 | 3 | 2.5 | 2 |
| 上抬量$\left(\dfrac{X}{2}-1\right)$ | 0.75 | 0.5 | 0.25 | 0 |
| 下降量$\left(2-\dfrac{X}{2}\right)$ | 0.25 | 0.5 | 0.75 | 1 |

### （五）衣身基本型结构设计

#### 1.衣身规格设计

按照长度尺寸和围度尺寸进行设置（表1-1-10）。

表1-1-10 合体衣身规格设计

单位：cm

| 长度尺寸 | | 围度尺寸 | |
|---|---|---|---|
| 胸省量（$X$） | 2.5 | 胸围（$B$） | 84（型）+12（放松量）=96 |
| 后领深 | 2.1 | 后领宽 | $\dfrac{B}{20}+3=7.8$ |
| 背长 | 39 | 前领宽＝前领深 | 后领宽－0.5=7.3 |

续表

| 长度尺寸 | | 围度尺寸 | |
|---|---|---|---|
| 臀长（HL） | 19 | 前后片胸围 | $\dfrac{B}{4}=24$ |
| 袖窿深 | $\dfrac{B}{4}-1.5=22.5$ | 后背宽 | $\dfrac{1.5B}{10}+3.5=17.9$ |
| 前片上抬量 | 0.25 | 冲肩量 | 1.5 |
| 前片下降量 | 0.75 | 后胸宽－前胸宽 | 1.2~1.4（中间值1.3） |
| 落肩量 | 后落肩15：5.5<br>前落肩15：6.3 | 后小肩－前小肩 | 0.5（面料厚薄） |
| BP点至侧颈点的垂直距离 | $\dfrac{号+型}{10}\approx25$ | BP点至前中心线的水平距离 | $\dfrac{B}{10}-0.5\approx9$ |

### 2.合体衣身框架设计

根据合体衣身规格尺寸，绘制衣身长度线和围度线。在合体衣身框架设计中，胸省量为2.5cm，前衣片上平线抬高0.25cm，底边下降0.75cm，在框架图中保持合体衣身前、后片的平衡性。在合体衣身框架中，BP点与袖窿深线较为接近，衣身弧线绘制参考紧身衣身（图1-1-12、图1-1-13）。

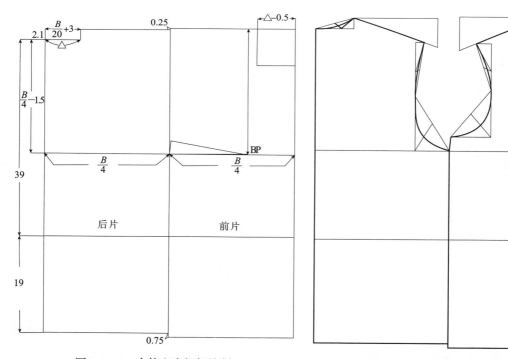

图1-1-12　合体衣身框架绘制　　　　　　图1-1-13　合体衣身弧线绘制

### 3.合体衣身胸省量设计

合体衣身胸省量一般小于或等于3cm，可以取一个省或者转换为两个省，形成自然胸型结构。省的结构设计围绕BP点进行，注意考虑款式、面料、人体等因素。根据款式图确定肩省的位置（图1-1-14），将合体衣身的胸省量转移到肩部（图1-1-15）。

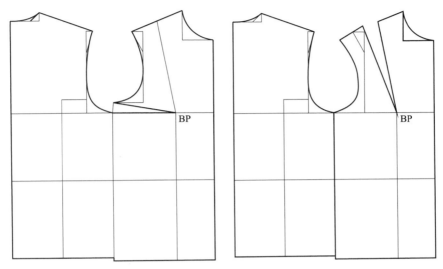

图1-1-14　合体衣身省位设计　　　　图1-1-15　合体衣身省量转移

**4.合体衣身腰省量设计**

根据后中线、后侧腰、侧缝、BP点四个部位设计腰省的位置，前中腰省处向侧缝处偏移0.5cm，与人体曲率相吻合。取165/84A胸腰差18cm，进行腰省量的分配（图1-1-16），前、后片设有通底省，满足臀围松量的同时又形成了臀围的包裹形态（图1-1-17）。

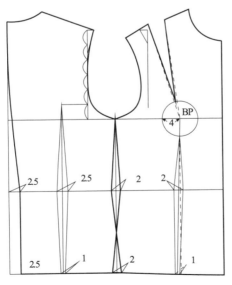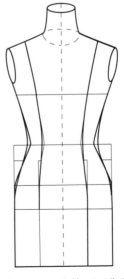

图1-1-16　合体衣身腰省绘制　　　　图1-1-17　人体正面曲率

**5.合体衣身试衣效果**

（1）合体衣身纸样设计（图1-1-18）。

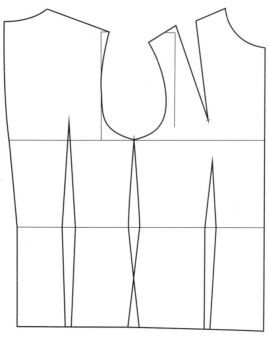

图1-1-18　合体衣身纸样设计

（2）合体衣身样板放缝：底边缝份3~3.5cm，领口缝份0.6cm，袖窿缝份0.8cm，其余部位均为1cm缝份（图1-1-19）。

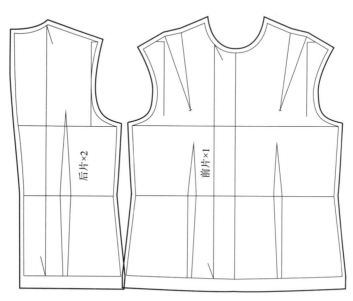

图1-1-19　合体衣身缝份示意图

（3）合体衣身3D试衣：根据合体衣身样板进行工艺缝制试样，从三维角度观看成衣效果。正面看袖窿省和肩省的双省效果，侧面看前、后衣身平衡效果，背面看后中分割及后省的效果（图1-1-20）。

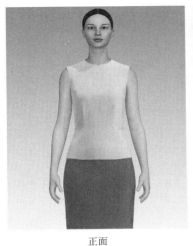 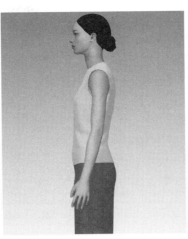 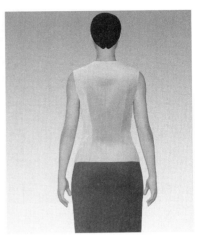

正面　　　　　　　　　　　侧面　　　　　　　　　　　背面

图1-1-20　合体衣身3D试衣示意图

## 三、宽松衣身无省道纸样设计

### （一）宽松衣身款式分析

#### 1.款式特点

宽松衣身基本型属于宽松造型结构，前中无缝，衣身两侧设计了侧缝线，后背有中缝，衣身前、后无省道，领口、袖窿为基础领口造型与基础袖窿造型，因是基础型，不设穿脱方式。

#### 2.宽松衣身款式图（图1-1-21）

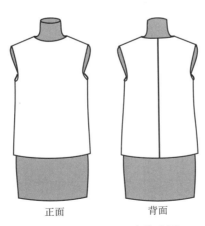

正面　　　　　　　　背面

图1-1-21　宽松衣身款式图

### （二）宽松衣身胸围放松量

根据季节设计宽松衣身的放松量（表1-1-11），同时也要考虑人体体型、服装款式、面料等因素。

表1-1-11　宽松衣身胸围放松量

单位：cm

| 服装类型 | 胸围放松量 | 胸省量 |
|---|---|---|
| 较宽松型夏装 | 10~14 | 2~2.5 |
| 宽松型夏装 | 16以上 | 0~1.5 |
| 较宽松型春装 | 16~20 | 1.5~2 |
| 宽松型春装 | 20以上 | 0~1 |
| 宽松型秋冬装 | 22以上 | 0~1 |

**注**　以上胸围松量与胸省量的取值分类仅供参考，实际参数根据体型、季节、面料等因素而定。

### （三）宽松衣身胸省取值

宽松衣身女装胸省位置，一般在BP点附近，不宜过远（表1-1-12）。

表1-1-12　宽松衣身胸省取值

单位：cm

| 服装款式特点 | 胸省取值 |
|---|---|
| 前身无中缝、前身无胸省 | 0 |
| 前身腰省设计位置靠近腋下 | 1~1.5 |

### （四）宽松衣身前片上抬量和下降量取值参考表（表1-1-13）

表1-1-13　胸省量大小与前片上抬量和下降量之间的参考值

单位：cm

| 按季节划分 | 夏季较宽松型 | 春季较宽松型 | 秋季宽松型 | 冬季宽松型 |
|---|---|---|---|---|
| 胸省量（$X$） | 2 | 1.5 | 1 | 0 |
| 上抬量$\left(\dfrac{X}{2}-1\right)$ | 0 | − 0.25 | − 0.5 | − 1 |
| 下降量$\left(2-\dfrac{X}{2}\right)$ | 1 | 1.25 | 1.5 | 2 |

### （五）衣身基本型结构设计

#### 1.衣身规格设计

按照长度尺寸和围度尺寸进行设置（表1-1-14）。

表1-1-14　宽松衣身规格设计

单位：cm

| 长度尺寸 | | 围度尺寸 | |
|---|---|---|---|
| 胸省量（$X$） | 0 | 胸围（$B$） | 84（型）+20（放松量）=104 |

| 长度尺寸 | | 围度尺寸 | |
|---|---|---|---|
| 后领深 | 2.2 | 后领宽 | $\dfrac{B}{20}+3=8.2$ |
| 背长 | 40 | 前领宽＝前领深 | 后领宽－0.5=7.7 |
| 臀长（HL） | 20 | 前、后胸围 | $\dfrac{B}{4}=26$ |
| 袖窿深 | $\dfrac{B}{4}-1.5=24.5$ | 后背宽 | $\dfrac{1.5B}{10}+3.5=19.1$ |
| 前片上抬量 | －1 | 冲肩量 | 1.5 |
| 前片下降量 | 2 | 后胸宽－前胸宽 | 1.2～1.4（中间值1.3） |
| 落肩量 | 后落肩 15：5.5<br>前落肩 15：6.3 | 后小肩－前小肩 | 0.5（面料厚薄） |
| BP 点至侧颈点的垂直距离 | $\dfrac{号＋型}{10}\approx25$ | BP 点至前中心线的水平距离 | $\dfrac{B}{10}-0.5=9.9$ |

**2. 宽松衣身框架设计**

根据宽松衣身规格尺寸，绘制衣身长度线和围度线。在宽松衣身框架设计中，省量设计为0，前上平线下降1cm，前底边线下降2cm，前、后袖窿线持平。宽松衣身框架中BP点在袖窿线的上面，宽松衣身弧线绘制参考紧身衣身（图1-1-22、图1-1-23）。

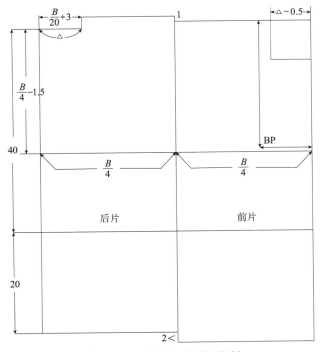

图1-1-22　宽松衣身框架绘制

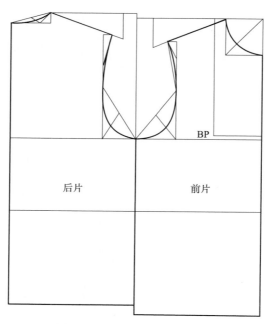

图1-1-23　宽松衣身弧线绘制

### 3.宽松衣身设计

宽松衣身不设胸省和腰省，下摆处向外延，下摆量为5cm以下的下摆呈H型，下摆量为5cm以上的下摆呈A型，下摆量可以根据面料、款式等因素决定。图1-1-24采用3cm的下摆量，前、后下摆量大小尽量保持一致，在下摆与底边处呈近似直角状态，保持前、后下摆缝合后呈水平状态。

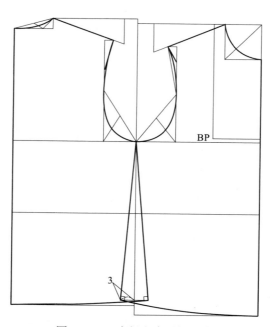

图1-1-24　宽松衣身下摆设计

**4.宽松衣身试衣效果**

（1）宽松衣身纸样设计（图1-1-25）。

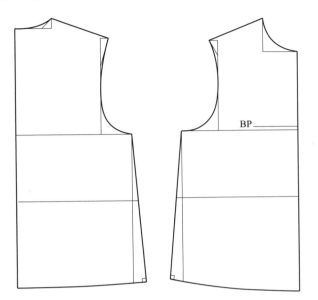

扫一扫可见宽松
衣身纸样设计视频

图1-1-25　宽松衣身纸样设计

（2）宽松衣身纸样放缝：底边缝份3~3.5cm，领口缝份0.6cm，袖窿缝份0.8cm，其余部位缝份均为1cm（图1-1-26）。

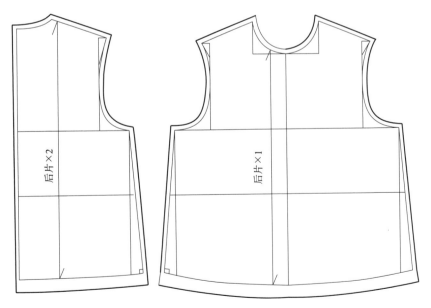

图1-1-26　宽松衣身放缝示意图

（3）宽松衣身3D试衣：根据宽松衣身样板进行工艺缝制试样，从三维角度观看成衣效果（图1-1-27）。

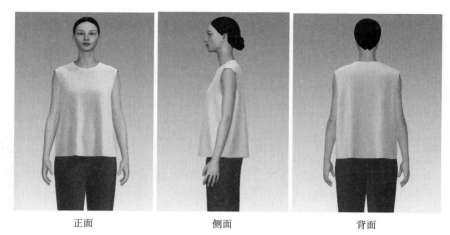

正面　　　　　　　　侧面　　　　　　　　背面

图1-1-27　宽松衣身3D试衣示意图

# 第二节　衣身分割纸样设计

## 一、四开身分割纸样设计

### （一）四开身分割设计款式分析

#### 1.款式特点

四开身分割设计属于春夏合体、秋冬紧身的造型结构，前中心线连折，在前衣身设计了公主线分割，衣身两侧设计了侧缝线，后背有中缝，衣身后背处设计刀背分割，领口、袖窿分别为基础领口造型与基础袖窿造型，因是基础型，不设穿脱方式。

#### 2.四开身分割设计款式图（图1-2-1）

正面　　　　背面

图1-2-1　四开身分割设计款式图

### （二）四开身分割设计胸围放松量

服装衣身的松量根据季节进行设计，同时也要考虑人体体型、服装款式、面料等因素（表1-2-1）。

表1-2-1　四开身分割设计胸围放松量参考表

单位：cm

| 服装类型 | 胸围放松量 | 胸省量 |
|---|---|---|
| 合体型春夏装 | 8 | 3~3.5 |
| 合体型春秋装 | 10~14 | 2.5~3 |
| 紧身型秋冬装 | 12~14 | 2.5~3 |

**注**　以上胸围放松量与胸省量的取值分类仅供参考，实际参数根据体型、季节、面料等因素而定。

**（三）四开身分割设计胸省取值**

四开身分割设计属于春夏合体、秋冬紧身的造型结构，所以衣身女装胸省位置一般在BP点附近，不宜过远（表1-2-2）。

表1-2-2　四开身分割设计胸省取值参考表

单位：cm

| 服装款式特点 | 胸省取值 |
|---|---|
| 前身腰省设计位置接近胸高点 | 3 |

**（四）四开身分割设计衣身前片上抬量和下降量取值参考（表1-2-3）**

表1-2-3　胸省量大小与前片上抬量和下降量之间的参考值

单位：cm

| 按季节划分 | 春季合体型 |
|---|---|
| 胸省量（$X$） | 3 |
| 上抬量（$\frac{X}{2}-1$） | 0.5 |
| 下降量（$2-\frac{X}{2}$） | 0.5 |

**（五）胸省取值**

四开身分割线的位置依据胸省量（$X$）的大小、胸围放松量进行合理设计，胸省量越大，胸围放松量越小，分割线的位置距离BP点越近；反之胸围放松量越大，胸省量越小，分割线离BP点越远（表1-2-4、图1-2-2）。

表1-2-4　胸省量取值参考表

单位：cm

| 服装款式特点 | 胸省量取值（$X$） |
|---|---|
| 前身无中缝、前身无胸省 | 0 |
| 前身腰省设计位置靠近腋下 | 1~1.5 |
| 前身腰省设计位置在胸点与腋点之间 | 1.5~2 |
| 前身腰省设计位置接近胸高点 | 2.5~3 |
| 前身设有双胸省位置接近胸高点 | 3.5~4 |

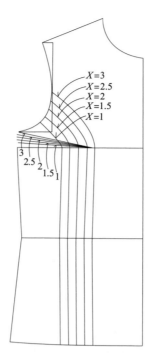

图1-2-2　胸省取值与分割线的关系

### （六）四开身分割衣身的结构设计

#### 1.衣身规格设计

按照长度尺寸和围度尺寸进行设置（表1-2-5）。

**表1-2-5　四开身分割衣身规格设计**

单位：cm

| 长度尺寸 | | 围度尺寸 | |
|---|---|---|---|
| 胸省量（$X$） | 3 | 胸围（$B$） | 84（型）+10（放松量）=94 |
| 后领深 | 2.1 | 后领宽 | $\dfrac{B}{20}$ +3=7.7 |
| 背长 | 40 | 前领宽 = 前领深 | 后领宽 − 0.5=7.2 |
| 臀长（HL） | 20 | 前、后胸围 | $\dfrac{B}{4}$ =23.5 |
| 袖窿深 | $\dfrac{B}{4}$ − 1.5=22 | 后背宽 | $\dfrac{1.5B}{10}$ +3.5=17.6 |
| 前片上抬量 | 0.5 | 冲肩量 | 1.5 |
| 前片下降量 | 0.5 | 后胸宽 − 前胸宽 | 1.2~1.4（中间值1.3） |
| 落肩量 | 后落肩量 15：5.5<br>前落肩量 15：6.3 | 后小肩 − 前小肩 | 0.5（面料厚薄） |

续表

| 长度尺寸 | | 围度尺寸 | |
|---|---|---|---|
| BP点至侧颈点的垂直距离 | $\dfrac{号+型}{10}\approx 25$ | BP点至前中心线的水平距离 | $\dfrac{B}{10}-0.5\approx 9$ |

**2.四开身分割衣身结构框架设计**

根据四开身分割衣身规格尺寸，绘制衣身长度线和围度线。在四开身分割框架设计中，胸省量设置为3cm，前片上平线抬高0.5cm，底边线下降0.5cm，在框架图中，保持四开身分割结构前后片的平衡性。在四开身分割结构框架中，BP点与袖窿深线较为接近（图1-2-3、图1-2-4）。

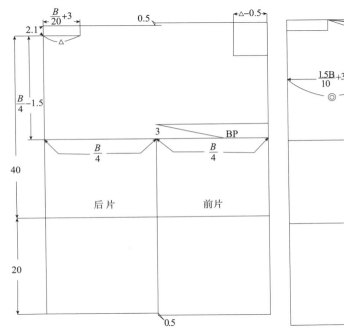

图1-2-3 四开身分割衣身框架步骤一

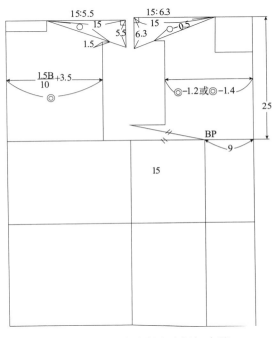

图1-2-4 四开身分割衣身框架步骤二

**3.四开身分割设计**

根据肩端点设置肩角度，前肩角度85°，后肩角度95°，前、后肩斜线合并后，袖窿弧线呈180°水平状态。参考图示绘制领口、袖窿等辅助线。参考领口与袖窿的辅助线，在此基础上，绘制领口弧线与袖窿弧线，绘制弧线时要经过等分点作切线（图1-2-5、图1-2-6）。

**4.四开身分割结构设计**

（1）腰省大小与人体结构之间的关系：人体侧面着装解剖如图1-2-7所示，该图也可间接说明腰省在服装中的分配关系，后腰省量最大，前腰省与侧缝省比较接近，在此基础上进行胸腰差的合理分配。以侧缝为基准，后片腰部省量占胸腰差的60%~65%，前片腰部省量占胸腰差的35%~40%。

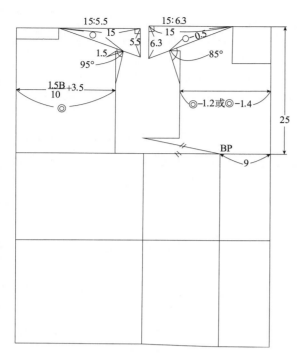

图1-2-5 四开身分割衣身中胸省设计

图1-2-6 四开身分割衣身中领口、袖窿设计

（2）165/84A标准体的胸腰差为14~18cm，根据人体体型进行胸腰差的合理分配。下摆的大小与腰省呈正比关系，在设计下摆取值时应注意侧面是人体的胯部，对应的下摆应略大一些。根据款式图设计后片与前片的省位及大小（图1-2-8）。

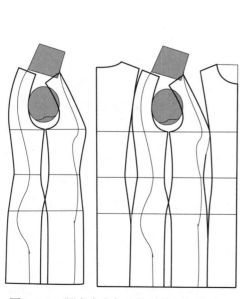

图1-2-7 腰省大小与人体结构之间的关系

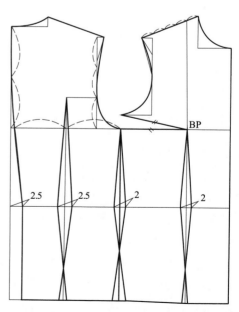

图1-2-8 四开身基本型腰省的分配

（3）将直线省尖处的量融入弧线分割线处，绘制后片弧线分割线；将胸省转移到肩省，与腰省连接，形成直线分割，绘制前衣片直线分割线（图1-2-9）。

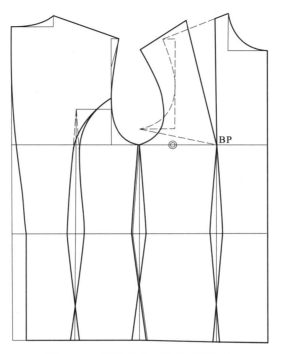

图1-2-9　四开身前、后分割线设计

### （七）四开身分割衣身试衣效果

#### 1.四开身分割衣身样板放缝

在四开身分割衣身上放缝时，前中心线保持连折，后中心线因收省而断开，底边缝份为3~3.5cm，领口缝份为0.6cm，袖窿缝份为0.8cm，其余部位缝份均为1cm（图1-2-10）。

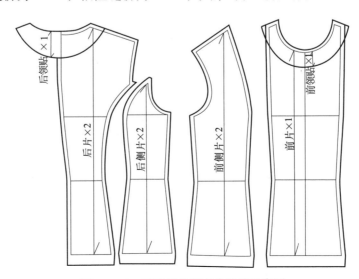

图1-2-10　四开身分割衣身放缝示意图

### 2.四开身分割衣身3D试衣

根据四开身分割衣身样板进行工艺缝制试样，从三维角度观看成衣效果。正面看直线分割线效果，侧面看前、后衣身平衡效果，背面看弧线分割及后中心线分割效果（图1-2-11）。

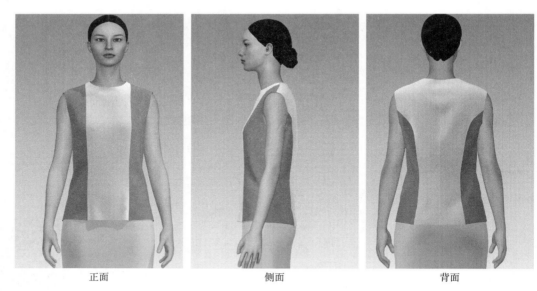

正面　　　　　　　　　　　侧面　　　　　　　　　　　背面

图1-2-11　四开身分割衣身试衣效果

### （八）实践题

根据165/84A号型规格尺寸，绘制图1-2-12中的款式图的四开身基本型结构。

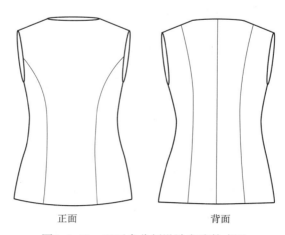

正面　　　　　　　　背面

图1-2-12　四开身分割设计实践款式图

## 二、三开身分割纸样设计

### （一）三开身分割设计款式分析

#### 1.款式特点

侧缝处没有分割线，属于三开身结构。前衣身设有弧线分割线及胸省，后衣身设有弧线分割线及后中缝线。因为是衣身结构设计，所以不设穿脱方式。

**2.三开身分割设计款式图**（图1-2-13）

正面　　　　　　　　背面

图1-2-13　三开身分割设计款式图

**（二）三开身分割设计的衣身结构设计**

在四开身基本型结构的基础上进行三开身基本型结构设计。

（1）绘制四开身基本结构，在四开身前片袖窿深线与胸宽线的交点处向上量取4cm，确定三开身前片分割线的位置。在后片背宽线距离1cm与袖窿线相交处，作三开身后片分割线（图1-2-14）。

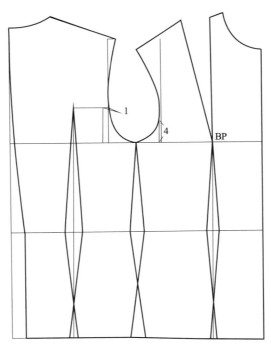

图1-2-14　在四开身分割框架上设计三开身分割点

（2）在四开身分割框架基础上，将后片的腰省移至靠近背宽线1cm处，再将侧缝省移至前胸宽线处（图1-2-15）。

（3）将移至背宽线线附近的省缝线与袖窿相交形成弧线分割（图1-2-16）。

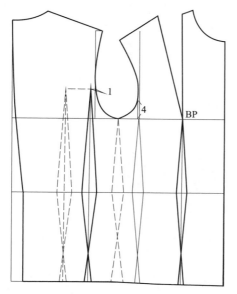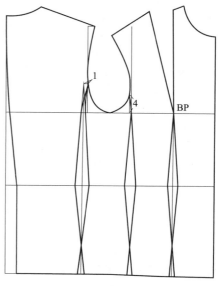

图1-2-15　三开身分割线结构设计步骤一　　图1-2-16　三开身分割线结构设计步骤二

（4）将弧线分割与侧腰线连接画顺，呈现出三开身两侧的分割线结构（图1-2-17）。三开身结构设计，前片一般采用 $\frac{B}{3} \pm \bigcirc$（定数），后片采用 $\frac{B}{6} \pm \diamondsuit$（定数）。

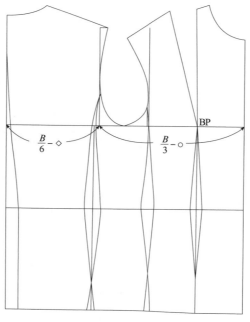

图1-2-17　三开身分割设计结构图

## （三）三开身分割衣身试衣效果

### 1. 三开身分割衣身样板放缝

前中心线保持连折，后中心线因收省而断开，底边缝份宽为3~3.5cm，领口缝份宽为0.6cm，袖窿缝份宽为0.8cm，其余部位缝份宽均为1cm（图1-2-18）。

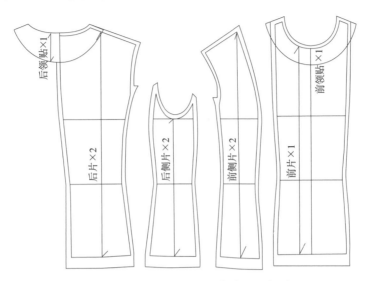

图1-2-18　三开身分割衣身放缝示意图

### 2. 三开身分割衣身3D试衣

根据三开身分割衣身样板进行工艺缝制试样，从三维角度观看成衣效果。正面看直线分割线效果，侧面看没有侧缝线，背面看收腰的合体度（图1-2-19）。

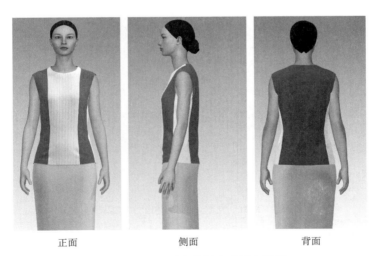

正面　　　　　　　　侧面　　　　　　　　背面

图1-2-19　三开身分割衣身试衣效果

## （四）实践题

根据165/84A号型规格尺寸，根据图1-2-20中的款式图绘制三开身分割衣身结构。

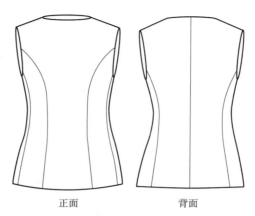

正面　　　　　　　　背面

图1-2-20　三开身分割衣身实践款式图

## 三、宽松衣身分割纸样设计

### （一）宽松衣身分割款式分析

#### 1. 款式特点

宽松衣身分割款的侧缝处没有分割线，属于四开身结构。前衣身设有分割线及胸省，后衣身也设有分割线且有后中缝线。因为是衣身结构设计，所以不设穿脱方式。

#### 2. 宽松衣身分割款式图（图1-2-21）

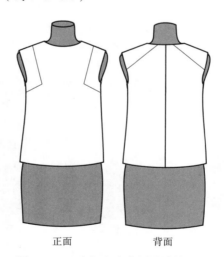

正面　　　　　　　　背面

图1-2-21　宽松衣身分割设计款式图

### （二）宽松衣身胸围放松量（表1-2-6）

表1-2-6　宽松衣身胸围放松量

单位：cm

| 服装类型 | 胸围放松量 | 胸省量 |
| --- | --- | --- |
| 宽松型夏装 | 16以上 | 0~1.5 |

续表

| 服装类型 | 胸围放松量 | 胸省量 |
|---|---|---|
| 较宽松型春装 | 16~20 | 1.5~2 |

**注**　以上胸围放松量与胸省量的取值分类仅供参考，实际参数根据体型、季节、面料等因素而定。

### （三）宽松衣身胸省取值（表1-2-7）

表1-2-7　宽松衣身胸省取值

单位：cm

| 服装款式特点 | 胸省取值 |
|---|---|
| 前身腰省设计位置靠近腋下 | 1~1.5 |

### （四）宽松衣身前片上抬量和下降量取值（表1-2-8）

表1-2-8　胸省量大小与前片上抬量和下降量之间的参考值

单位：cm

| 款式风格 | 较宽松型 |
|---|---|
| 胸省量（$X$） | 1.5 |
| 上抬量$\left(\dfrac{X}{2}-1\right)$ | $-0.25$ |
| 下降量$\left(2-\dfrac{X}{2}\right)$ | 1.25 |

### （五）宽松衣身分割结构设计

#### 1.宽松衣身规格设计

参考款式图进行衣身规格设计，按照长度尺寸和围度尺寸设置（表1-2-9）。

表1-2-9　宽松衣身规格设计

单位：cm

| 长度尺寸 | | 围度尺寸 | |
|---|---|---|---|
| 胸省量（$X$） | 1.5 | 胸围（$B$） | 84（型）+16（放松量）=100 |
| 后领深 | 2.2 | 后领宽 | $\dfrac{B}{20}+3=8$ |
| 背长 | 40 | 前领宽＝前领深 | 后领宽－0.5=7.5 |
| 臀长（HL） | 16 | 前后胸围 | $\dfrac{B}{4}=25$ |
| 袖窿深 | $\dfrac{B}{4}-1.5=23.5$ | 后背宽 | $\dfrac{1.5B}{10}+3.5=18.5$ |
| 前片上抬量 | $-0.25$ | 冲肩量 | 1.5 |
| 前片下降量 | 1.25 | 后胸宽－前胸宽 | 1.2~1.4（中间值1.3） |
| 落肩量 | 后落肩15：5.5<br>前落肩15：6.3 | 后小肩－前小肩 | 0.5（面料厚薄） |

续表

| 长度尺寸 | | 围度尺寸 | |
|---|---|---|---|
| BP 点至侧颈点的垂直距离 | $\dfrac{号+型}{10} \approx 25$ | BP 点至前中心线的水平距离 | $\dfrac{B}{10} - 0.5 = 9.5$ |

### 2. 宽松衣身分割结构框架设计

根据宽松衣身规格尺寸绘制衣身框架图，在前衣片 BP 点处绘制胸省 1.5cm，为前衣身与后衣身进行平衡设计，前片上平线上抬量为 -0.25cm，底边下降量为 1.25cm。宽松衣身的 BP 点的位置在袖窿深线的上面（图1-2-22）。

### 3. 宽松衣身分割线设计

根据款式图，采用等分量的形式进行分割线设计，前片分割线从肩二等分点处与 BP 点、胸宽线的二分之一点相连，然后将胸围线与腰围线各平均四等分，做前片分割线造型设计。后片分割线是将领弧线三分之一点与袖窿弧线三分之一点相连。注意宽松衣身结构，在前衣身分割设计时，应在距离 BP 点 5cm 以外，不宜距离太近（图1-2-23）。

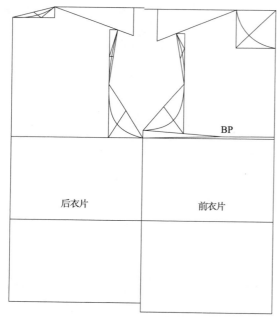

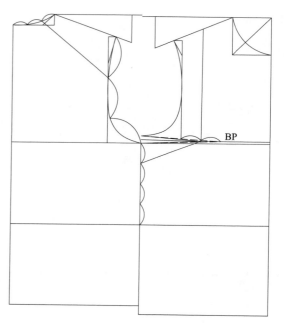

图1-2-22　宽松衣身分割框架图　　　　　图1-2-23　宽松衣身分割线设计

### 4. 宽松衣身分割省量转移

根据胸省量的大小，将 1.5cm 胸省量二等分，转移到前片两处分割线处，其中 0.75cm 省量转移到肩省处，0.75cm 省量转移到腋下省。将胸省量转移分割线处，可以形成一种省量分配平衡的状态。后片分割线不设计省量，根据等分量绘制合理的分割线，目的是保持衣身比例平衡（图1-2-24）。

### 5. 宽松衣身下摆的结构设计

根据前衣身下摆的起翘量与侧缝摆缝线形成近似直角，决定了宽松衣身的下摆量，所以在这里不设定下摆固定参数。前下摆量与后下摆量要保持一致。根据前片的下摆量预设5cm，形成宽松衣身的造型结构（图1-2-25）。

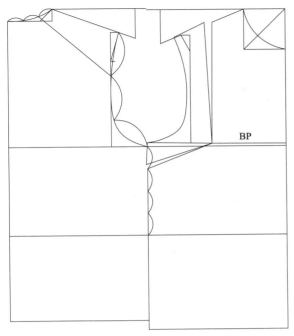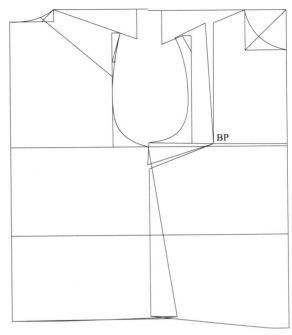

图1-2-24 宽松衣身分割省量转移　　　　图1-2-25 宽松衣身下摆的结构设计

### 6.宽松衣身分割线放缝

前中线保持连折，底边缝份宽为3~3.5cm，领口缝份宽为0.6cm，袖窿缝份宽为0.8cm，分割处缝份根据款式设计可以自定义，其余部位缝份宽均为1cm（图1-2-26）。

扫一扫可见宽松
衣身纸样设计视频

图1-2-26 宽松衣身分割线放缝

### 7.宽松衣身分割款式3D试衣

根据宽松衣身分割型样板进行工艺缝制试样，从三维角度观看成衣效果。正面可以看到折线分割线效果，侧面看造型宽松，背面可以看到肩部分割和下摆造型（图1-2-27）。

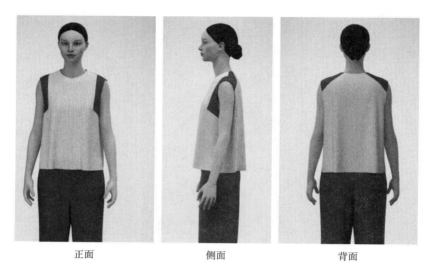

| 正面 | 侧面 | 背面 |

图1-2-27 宽松衣身分割3D试衣

### （六）实践题

根据165/84A号型规格尺寸，绘制图1-2-28中的宽松衣身分割结构图。

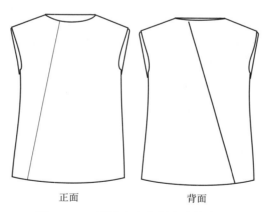

正面　　　　　　　背面

图1-2-28 宽松衣身分割实践款式图

# 第二章

# 袖型纸样设计

**课题名称：** 袖型纸样设计

**课题内容：** 1.一片袖纸样设计

2.两片袖纸样设计

3.插肩袖纸样设计

4.落肩袖纸样设计

5.连身袖纸样设计

**课题时间：** 8课时

**教学目的：** 掌握不同袖型纸样设计的相关知识

**教学方式：** 理论讲授与实践操作

**教学要求：** 1.掌握基础袖型（一片袖）的结构设计方法

2.能够根据基础袖型进行变化袖型（两片袖、插肩袖、落肩袖、连身袖）的结构设计

**课前（后）准备：** 相关教案、PPT、视频等

# 第一节　一片袖纸样设计

## 一、一片袖基本型纸样设计

### （一）一片袖的基本型款式分析

#### 1.款式特点

图2-1-1的一片袖基本型（一）款式中，没有收袖口，有袖缝；基本型（二）款式中有收袖口，有袖缝。

#### 2.一片袖的基本型款式图（图2-1-1）

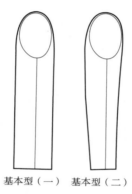

基本型（一）　基本型（二）

图2-1-1　一片袖款式图

### （二）一片袖的线条名称

一片袖基本型的线条名称如图2-1-2所示，袖窿部位名称如图2-1-3所示。

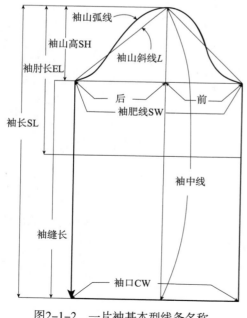

图2-1-2　一片袖基本型线条名称

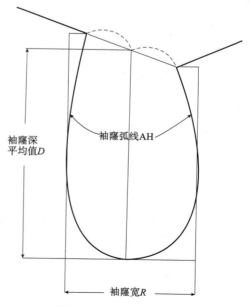

图2-1-3　袖窿部位名称

## （三）分析袖窿与袖山的关系

### 1. 分析袖窿弧线结构

因为袖山弧线与袖窿弧线是装配关系，所以袖山弧线取决于袖窿弧线。袖窿弧线的曲率准确性决定了与袖山弧线的匹配率（图2-1-4）。

标准的袖窿呈椭圆状，在袖窿结构设计时，袖窿深平均值（$D$）与袖窿宽（$R$）呈反比关系。袖窿弧线（AH）可以实际测量，同时也可以采用 $AH \approx B \times 44\%$ 或者 $AH \approx 2D+0.6R$ 检测绘制的袖窿弧线是否准确。在结构设计中，胸围与袖窿弧线成正比。同比例增长或减少，才能保证衣身比例的平衡。

### 2. 分析袖山弧线结构

袖山斜线（$L$）与袖山高（SH）、二分之一袖肥线 $\left(\dfrac{SW}{2}\right)$ 形构成直角三角形，所以

$L^2 = SH^2 + \left(\dfrac{SW}{2}\right)^2$（图2-1-5、表2-1-1）。

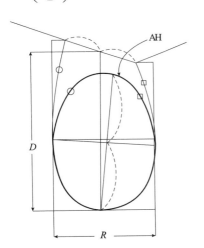

图2-1-4　袖窿弧线结构分析

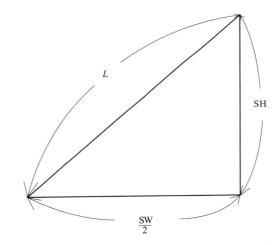

图2-1-5　袖山高、二分之一袖肥线与袖山斜线的直角关系

**表2-1-1　袖子结构线分析与计算方法**

| 袖子结构线的分析 | 袖子结构线计算方法 |
| --- | --- |
| （1）袖山高（SH）的值取决于袖窿深（$D$）、袖窿宽（$R$）<br>（2）袖山高（SH）的值取决于袖窿弧线（AH） | （1）$SH \approx D - 0.3 \times R + 1 + \dfrac{吃势}{2}$<br><br>（2）$SH \approx \dfrac{AH}{3} + \dfrac{吃势}{2}$ |
| （1）袖山斜线（$L$）的值取决于袖窿弧线（AH）<br>（2）袖山斜线（$L$）的值取决于袖肥（SW）及袖山高（SH） | （1）$L \approx \dfrac{AH - 2.5 + 吃势}{2}$<br><br>（2）已知SH与SW值，得 $L^2 = \dfrac{SW^2}{4} + SH^2$ |
| （1）袖肥（SW）可以根据袖山高（SH）和袖山斜线（$L$）进行调节<br>（2）袖肥（SW）与胸围（$B$）成正比 | （1）已知SH与$L$值，得 $SW^2 = \dfrac{L^2 - SH^2}{4}$<br><br>（2）$SW = 臂根围（实际测量）+ \dfrac{胸围松量}{2}$ |

### 3.分析袖山弧线与袖窿弧线之间的关系

如图2-1-6所示，纵向袖中线与衣片侧缝线相吻合，横向袖肥线与胸围线相吻合。袖中线不在袖肥的$\frac{1}{2}$处，因为人体手臂向前活动，所以后袖窿弧线大于前袖窿弧线。在袖子框架结构线设计中，为了保证后袖山弧线大于前袖山弧线，更好地与袖窿相吻合，在袖肥结构设计时，可以直接采用后袖片袖肥$=\frac{SW}{2}+1$，前袖片袖肥$=\frac{SW}{2}-1$，以增加后袖窿弧线长满足人体手臂活动的结构设计。

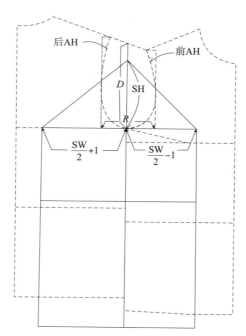

图2-1-6　袖山弧线与袖窿弧线之间关系

### （四）一片袖的框架图

#### 1.一片袖基本型规格

参考165/84A号型四开身基本型的袖窿规格尺寸表（表2-1-2），绘制一片袖袖窿的结构图（图2-1-7）。

### 表2-1-2　165/84A一片袖基本型规格尺寸表

单位：cm

| 长度尺寸 | | 围度尺寸 | |
|---|---|---|---|
| 臂长 | 52 | 臂围 | 27 |
| 袖肘长（EL） | $32\left(\dfrac{\text{号}}{5}-1\right)$ | 胸围（$B$） | 94 |
| 标准袖长（SL） | 59 | 胸省量（$X$） | 3 |
| 袖窿深平均值（$D$） | 18.5 | 袖窿弧线（AH） | 44 |

续表

| 长度尺寸 | | 围度尺寸 | |
|---|---|---|---|
| $SH \approx D - 0.3 \times R - 1 + \dfrac{吃势}{2}$ $SH \approx \dfrac{AH}{3} + \dfrac{吃势}{2}$ | 14（吃势0） | 袖窿宽（$R$） | 11 |
| | | 袖肥（SW） | $32 \approx 27 + \dfrac{10}{2}$ |
| $L \approx \dfrac{AH - 2.5 + 吃势}{2}$ | 21 | 袖口（CW） | 24 |

注 袖子吃势量根据款式、面料、工艺等因素决定，一片袖采用常用量0~1。

## 2.一片袖框架

根据规格尺寸，绘制一片袖框架图（图2-1-8）。

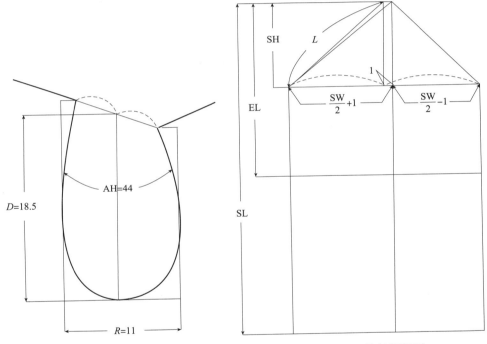

图2-1-7 四开身基本型的袖窿规格尺寸　　　图2-1-8 一片袖框架图

## （五）一片袖的基本型（一）

一片袖的基本型绘制方法重点是解决袖山弧线与袖窿弧线的吻合度，重点分析袖山弧线的绘制方法。

### 1.袖山框架图

袖山弧线的曲率是袖山弧线绘制的难点。在袖山框架图基础上绘制弧线，可以提高袖山弧线曲率的正确率。在袖山高$\dfrac{1}{2}$处作袖山高辅助线，作后袖辅助线延长线1cm，在此基础上作上平线的平行线，平均后袖辅助线$\dfrac{1}{2}$，量取$\dfrac{1}{2}$的长度，作前上平线的延长，参考等分点作斜线延长线（图2-1-9）。

### 2. 基本型结构

在袖山框架图的基础上，作交点的 $\frac{1}{2}$ 垂线，取垂线的 $\frac{1}{2}$ 量作为袖山弧线绘制依据，连接袖山线中辅助线的切点作弧线切线，绘制完成袖山弧线（图2-1-10）。

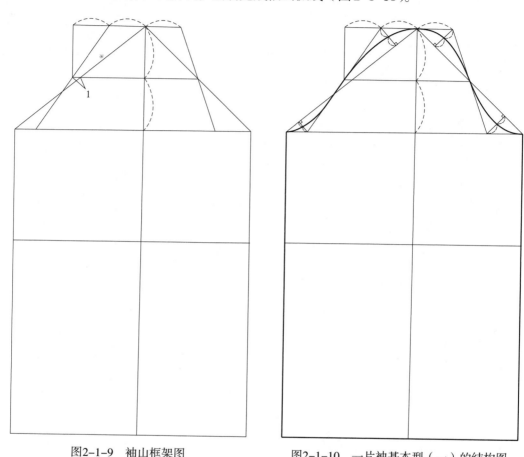

图2-1-9　袖山框架图　　　　　　　图2-1-10　一片袖基本型（一）的结构图

### 3. 校对袖山弧线

在袖窿弧线的基础上，将袖山线与袖窿深线重合，袖肥线与袖窿深线重合，校对袖山弧线的曲率2cm处与前、后袖窿底部2cm处相吻合，依据袖窿线调整袖山线底部曲率，确保袖山底部与袖窿底部2cm处吻合。然后量取前、后袖山弧线长度与袖窿弧线的长度校对吃势量（图2-1-11）。

### （六）一片袖的基本型（二）

在袖子基本型（一）结构的基础上，进行袖子基本型（二）的绘制。首先绘制袖中线，然后绘制袖口，最后绘制前、后侧缝线。在前袖肘线处凹进1cm作前袖侧缝线，在后袖肘线凸出0.5cm处作后袖侧缝线。后袖侧缝处吃势量是后袖侧缝长与前袖侧缝长的差（图2-1-12）。

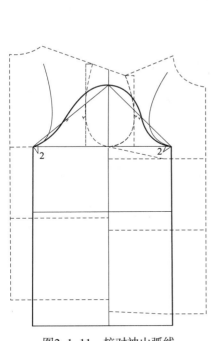

图2-1-11 校对袖山弧线

图2-1-12 一片袖基本型（二）的结构图

扫一扫可见一片袖
基本型纸样设计
视频

### （七）一片袖的基本型（一）试衣效果

**1. 一片袖的基本型（一）样板放缝**

因为袖子需要衣身匹配试衣，所以在3D试衣时衣身使用原型结构。在袖基本型上加放缝份，袖山弧线与袖窿弧线均加放缝份0.8cm，领口处加放缝份0.6cm，衣身底边及袖口处加放缝份3cm，其余部位加放缝份1cm（图2-1-13）。

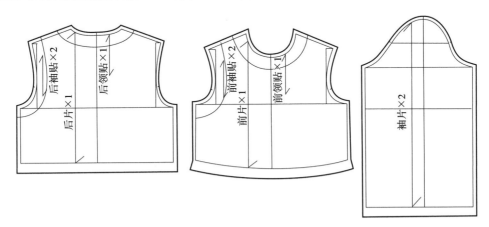

图2-1-13 一片袖基本型（一）样板放缝示意图

**2. 一片袖的基本型（一）3D试衣**

根据一片袖基本型样板进行工艺缝制试样，从三维角度观看成衣效果。正面看袖山圆顺无吃势量，侧面看袖口宽松，背面看袖子自然悬垂（图2-1-14）。

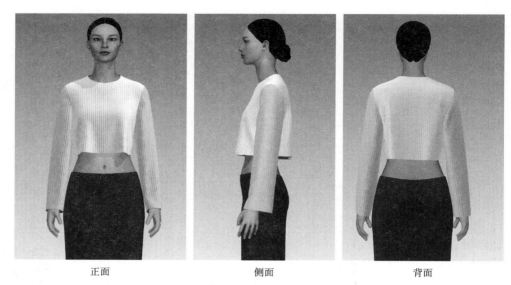

正面　　　　　　　　　　侧面　　　　　　　　　　背面

图2-1-14　一片袖基本型（一）的试衣效果

## （八）实践题

根据165/84A号型规格尺寸，参考图2-1-15中的款式图绘制一片袖结构。

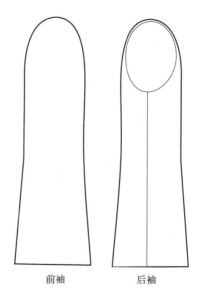

前袖　　　　　　后袖

图2-1-15　一片袖基本型实践款式图

# 二、一片袖省道纸样设计

## （一）一片袖的省道袖型款式分析

### 1.款式特点

一片袖的省道袖型属于较合体袖型，一种款式在袖肘线处设袖肘省，另一种款式是在袖口处设袖口省。

**2.一片袖省道款式图（图2-1-16）**

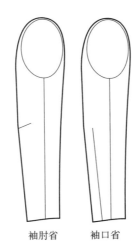

袖肘省　　袖口省

图2-1-16　一片袖的省道袖型款式图

### （二）一片袖的袖肘省结构设计

在一片袖基本型的基础上，绘制袖肘省的结构。因为袖肘省可以使袖型较合体，在绘制时，袖中线的结构设计与人体手臂造型相接近。

**1.袖中线结构设计**

人体手臂在袖肘处自然向前屈，袖中线按照手臂造型线，在袖肘处袖中线向袖片后侧移0.7cm，作为新肘点；在袖口处向前倾斜2~3cm，形成新的手臂形态（图2-1-17）。

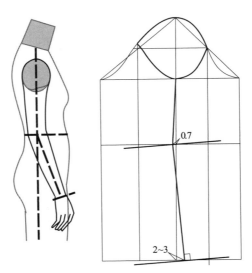

图2-1-17　袖中线结构设计

**2.袖肘省框架图**

参考表2-1-2尺寸规格绘制袖肘省的框架，将袖中线与袖肘线交点向后移动0.7cm，过新交点作袖口线的垂线，根据袖口宽连接前、后袖缝（图2-1-18）。

**3.袖肘省结构设计**

袖肘省的位置设计在后袖片肘线附近，袖肘省的大小是前、后袖缝线的差量（图2-1-19）。

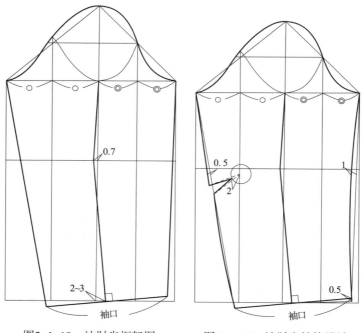

图2-1-18　袖肘省框架图　　　　图2-1-19　袖肘省结构设计

## （三）一片袖的袖口省结构设计

一片袖的袖口省的结构设计是在袖肘省的基础上绘制完成的，首先确定袖口省的位置，然后合并袖肘省量剪开袖口省线，将袖肘省量转移至袖口省，形成袖口省袖型（图2-1-20）。

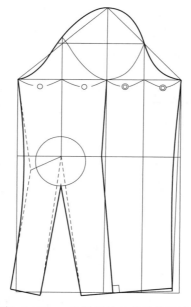

扫一扫可见一片袖
省道设计视频

图2-1-20　一片袖的袖口省结构设计

### （四）一片袖的省道袖型试衣效果

#### 1. 一片袖的省道袖型样板放缝

袖山弧线与袖窿弧线缝份均为0.8cm，领口处缝份0.6cm，衣身底边及袖口处缝份3cm，其余部位缝份1cm（图2-1-21）。

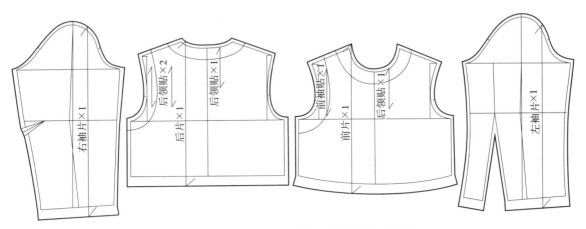

图2-1-21　一片袖的省道袖型样板放缝示意图

#### 2. 一片袖省道袖型的3D试衣

根据一片袖省道袖型样板进行工艺缝制试样，从三维角度观看成衣效果。右袖是袖肘省，左袖是袖口省，虽然袖子省道位置不同，但是两个袖子外观造型基本相似（图2-1-22）。

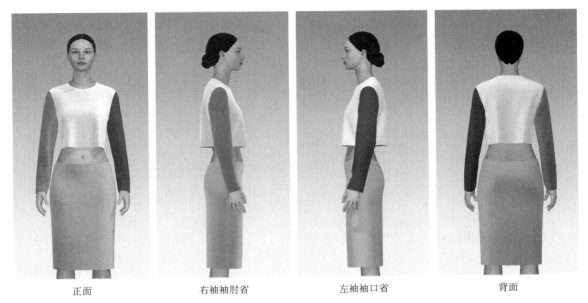

正面　　　　右袖袖肘省　　　　左袖袖口省　　　　背面

图2-1-22　一片袖的省道袖型试衣效果

### （五）实践题

根据165/84A号型规格尺寸，绘制图2-1-23中的袖子结构。

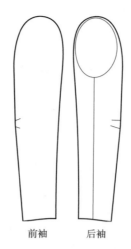

前袖　后袖

图2-1-23　一片袖袖肘省实践款式图

## 三、短袖基本型纸样设计

### （一）短袖基本型款式分析

**1. 款式特点**

短袖基本型属于一片袖结构，袖口处略收，袖山处吃势均匀饱满。

**2. 短袖基本型款式图（图2-1-24）**

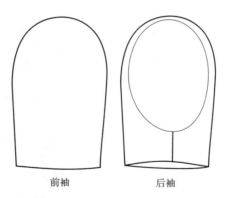

前袖　　　　　后袖

图2-1-24　短袖基本型款式图

### （二）短袖基本型规格设计（表2-1-3）

表2-1-3　165/84A短袖基本型规格尺寸

单位：cm

| 长度尺寸 | | 围度尺寸 | |
| --- | --- | --- | --- |
| 臂长 | 52 | 臂围 | 27 |
| 袖肘长（EL） | $32\left(\dfrac{\text{号}}{5}-1\right)$ | 胸围（$B$） | 90（松量6） |

续表

| 长度尺寸 | | 围度尺寸 | |
|---|---|---|---|
| 袖长（SL） | 24 | 胸省量（$X$） | 3 |
| 袖窿深平均值（$D$） | 17.5 | 袖窿弧线（AH） | 42 |
| $SH \approx D - 0.3 \times R - 1 + \dfrac{吃势}{2}$<br>$SH \approx \dfrac{AH}{3} + \dfrac{吃势}{2}$ | 14.5（吃势1） | 袖窿宽（$R$） | 12 |
| | | 袖肥（SW） | $30 = 27 + \dfrac{6}{2}$ |
| $L \approx \dfrac{AH - 2.5 + 吃势}{2}$ | 20.5 | 袖口（CW） | 27 |

**注**　袖子吃势量由款式、面料、工艺等因素决定，短袖吃势采用常用量1~1.5cm。

### （三）短袖基本型框架图

（1）在连衣裙基本型基础上配置短袖基本型（图2-1-25）。

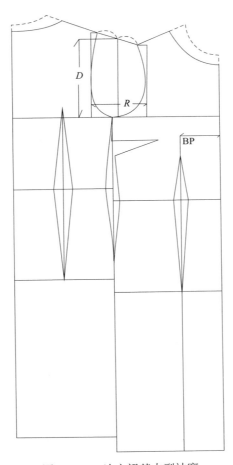

图2-1-25　连衣裙基本型袖窿

（2）根据袖窿尺寸及短袖规格尺寸设计短袖基本型框架（图2-1-26）。

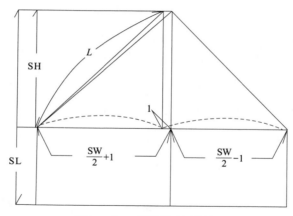

图2-1-26　短袖基本型框架

## （四）短袖基本型结构设计

（1）在短袖基本型框架图基础上，作袖山弧线辅助线（图2-1-27）。

（2）依据袖山辅助线绘制袖山弧线（图2-1-28）。

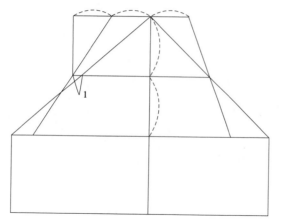

图2-1-27　短袖袖山弧线设计步骤一

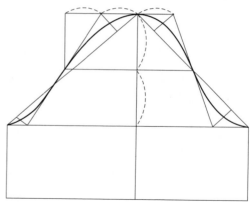

图2-1-28　短袖袖山弧线设计步骤二

（3）根据袖口大小绘制袖口线（图2-1-29）。

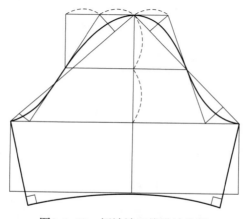

图2-1-29　短袖袖口线设计步骤

（4）校对袖山弧线与袖窿弧线的袖底吻合度及袖山吃势量（图2-1-30）。

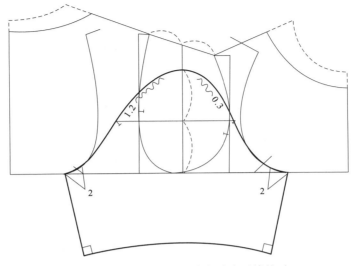

图2-1-30　短袖袖山弧线与袖窿弧线校对

### （五）短袖基本型试衣效果

#### 1.短袖基本型样板放缝

短袖基本型的袖口处呈弧线状态，缝份不易过大。参考面料性能，袖口处缝份1~2cm，领口处缝份0.6cm，袖窿及袖山弧线处缝份0.8cm，袖底边缝份2~3cm，其余部位缝份均为1cm（图2-1-31）。

图2-1-31　短袖基本型缝份示意图

#### 2.短袖基本型3D试衣

根据短袖基本型样板缝制试样，从三维角度观看成衣效果。短袖前袖角度适宜，侧面袖口呈倾斜状态，后面袖山吃势饱满（图2-1-32）。

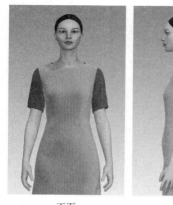

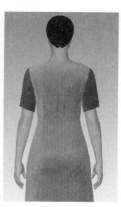

正面　　　　　　　侧面　　　　　　　背面

图2-1-32　短袖基本型试衣效果

## （六）实践题

根据165/84A号型规格尺寸，参考图2-1-33中的款式图绘制短袖结构。

## 四、短袖袖口变化型纸样设计

### （一）短袖袖口变化款式分析

**1.款式特点**

短袖袖口变化属于喇叭袖。款式（一）的袖肥口处呈微喇叭形态。款式（二）的袖肥比较宽松，袖口呈大喇叭形态。

**2.短袖袖口变化款式图（图2-1-34）**

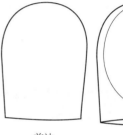
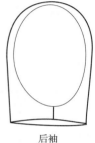

前袖　　　　　后袖

图2-1-33　短袖基本型实践款式图

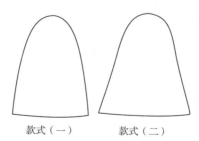

款式（一）　　　款式（二）

图2-1-34　短袖袖口变化款式图

### （二）短袖袖口变化结构设计

**1.款式（一）结构设计**

（1）在短袖基本型的基础上进行袖口变化设计，确定袖山线与袖肥线的交点，沿袖肥线和袖中线处展开，设计袖口围（图2-1-35）。

（2）在袖口处进行展开，展开量根据款式及面料自定义设计（图2-1-36）。

（3）将袖口线画顺，完成袖口变化（一）结构设计（图2-1-37、图2-1-38）。

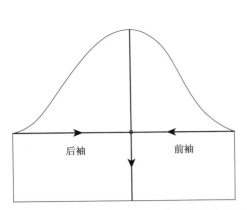

图2-1-35　短袖袖口款式（一）的结构设计步骤一

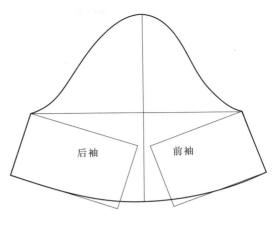

图2-1-36　短袖袖口款式（一）的结构设计步骤二

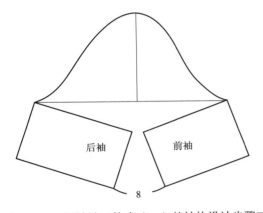

图2-1-37　短袖袖口款式（一）的结构设计步骤三

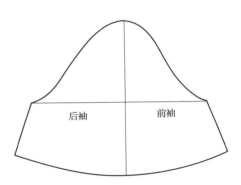

图2-1-38　短袖袖口款式（一）的结构设计步骤四

**2. 款式（二）结构设计**

（1）在袖山高 $\frac{1}{2}$ 处作辅助线，设计袖口展开分割线的位置（图2-1-39）。

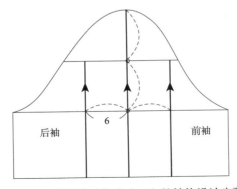

图2-1-39　短袖袖口款式（二）的结构设计步骤一

（2）根据款式及面料性能设计袖口展开量，画顺袖口线及袖山弧线（图2-1-40）。

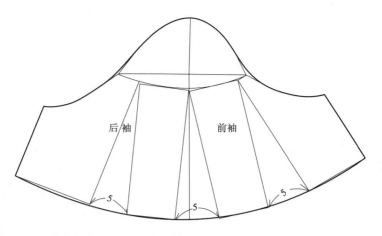

扫一扫可见短袖
袖口变化纸样设计
视频

图2-1-40　短袖袖口款式（二）的结构设计步骤二

### （三）短袖袖口变化试衣效果

#### 1. 短袖袖口变化样板放缝

短袖袖口处呈弧线状态，缝份不宜过大。参考面料性能，袖口处缝份1~2cm，领口处缝份0.6cm，袖窿及袖口弧线处缝份0.8cm。裙底摆缝份2~3cm，其余部位缝份均为1cm（图2-1-41）。

图2-1-41　短袖袖口变化放缝示意图

#### 2. 短袖袖口变化3D试衣

根据短袖袖口变化样板缝制试样，从三维角度观看成衣效果。左袖与右袖的展开量不同，呈现的喇叭状态也不同（图2-1-42）。

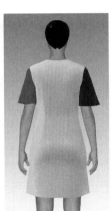

正面　　　右侧面款式（一）　　左侧面款式（二）　　背面

图2-1-42　短袖袖口变化试衣效果

**（四）实践题**

根据165/84A号型规格尺寸，参考图2-1-43中的款式图绘制短袖喇叭袖结构图。

## 五、短袖袖山变化型纸样设计

### （一）短袖袖山变化款式分析

**1.款式特点**

短袖袖山变化款式属于泡泡袖。款式（一）在袖山处 $\frac{2}{3}$ 展开一定的宽松量，袖山顶部抽取自然褶皱，形成泡泡袖。款式（二）在袖山处 $\frac{1}{2}$ 展开一定的宽松量，袖山头顶部有规律打褶，形成泡泡袖。

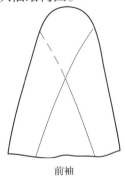

前袖

图2-1-43　短袖袖口变化
实践款式图

**2.短袖袖山变化款式图（图2-1-44）**

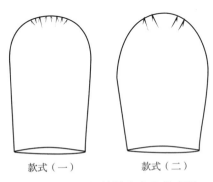

款式（一）　　　　款式（二）

图2-1-44　短袖袖山变化款式图

### （二）短袖袖山变化结构设计

**1.款式（一）结构设计**

（1）在短袖基本型的结构上进行袖山变化款式（一）的设计。确定袖山线与袖肥线交点，然后将袖山线三等分（图2-1-45）。

（2）沿袖肥线及袖山线剪开三分之二处，在袖山弧线处展开8cm的抽褶量（图2-1-46）。

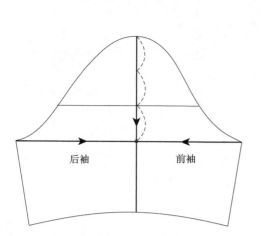 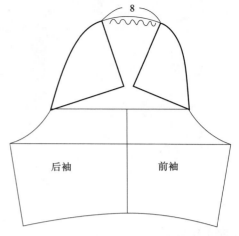

图2-1-45　袖山变化款式（一）结构设计步骤一　　图2-1-46　袖山变化款式（一）结构设计步骤二

（3）调整画顺展开的袖山弧线，形成款式（一）泡泡袖的结构（图2-1-47）。

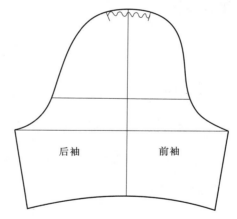

图2-1-47　袖山变化款式（一）结构设计步骤三

**2.款式（二）结构设计**

（1）在短袖基本型的结构上进行袖山变化款式（二）的设计。确定$\frac{1}{2}$袖山线与袖肥线的交点，在袖山线的$\frac{1}{2}$处作袖肥线的平行线，在平行线处设置等分线（图2-1-48）。

（2）根据分割线均匀展开袖山弧线的褶裥量，连接展开的袖山弧线（图2-1-49）。

（3）将袖山弧线调整画顺，在袖山处参考款式图设置褶裥的量及位置（图2-1-50）。

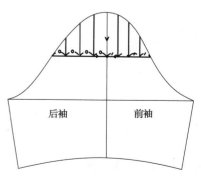

图2-1-48　袖山变化款式（二）
结构设计步骤一

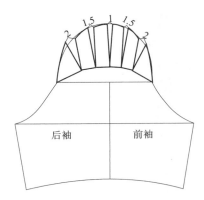
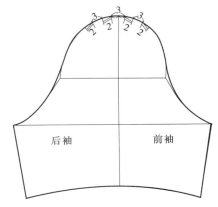

图2-1-49　袖山变化款式（二）结构设计步骤二　图2-1-50　袖山变化款式（二）结构设计步骤三

### （三）短袖袖山变化试衣效果

#### 1.短袖袖山变化样板放缝

　　短袖袖口处呈弧线状态，缝份不宜过大。参考面料性能，袖口处缝份1~2cm，领口处缝份0.6cm，袖窿及袖山弧线处缝份0.8cm，裙底边缝份2~3cm，其余部位缝份均为1cm（图2-1-51）。

扫一扫可见短袖
袖山变化纸样设计
视频

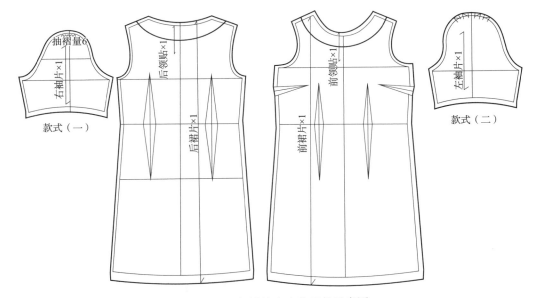

图2-1-51　短袖袖山变化缝份示意图

#### 2.短袖袖山变化3D试衣

　　短袖袖山变化属于泡泡袖款式，根据样板进行工艺缝制试样，从三维角度观看成衣效果。右侧是袖山变化属于抽碎褶，袖子比较宽松，左侧是袖山变化属于抽褶，袖子比较合体（图2-1-52）。

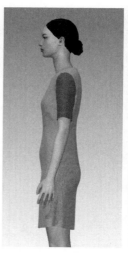
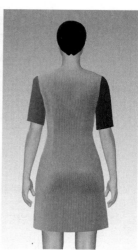

| 正面 | 右侧款式（一） | 左侧款式（二） | 背面 |

图2-1-52　短袖袖山变化试衣效果

## （四）实践题

根据165/84A号型规格尺寸，参考图2-1-53中的款式图绘制泡泡袖结构。

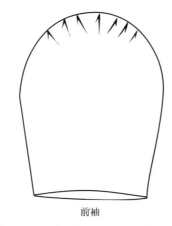

前袖

图2-1-53　短袖袖山变化实践款式图

# 第二节　两片袖纸样设计

## 一、两片袖基本型纸样设计

### （一）两片袖基本型款式分析

#### 1.款式特点

款式（一）：两片袖的分割线设计在前、后袖缝处中线位置，袖口呈现前倾造型结构设计。

款式（二）：两片袖是将前袖缝隐藏在腋下，没有外露，呈现出大、小袖片的形态。

**2. 两片袖基本型款式图（图2-2-1）**

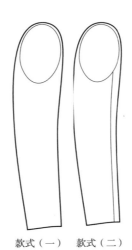

款式（一）　款式（二）

图2-2-1　两片袖基本型款式图

**（二）两片袖基本型线条名称（图2-2-2）**

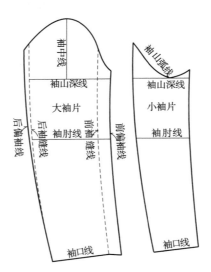

图2-2-2　两片袖基本型线条名称

**（三）两片袖基本型结构设计**

**1. 在四开身基本型衣身的基础进行配置（表2-2-1）**

表2-2-1　女体165/84A两片袖基本型规格尺寸表

单位：cm

| 长度尺寸 | | 围度尺寸 | |
|---|---|---|---|
| 臂长 | 52 | 臂围 | 27 |

续表

| 长度尺寸 | | 围度尺寸 | |
|---|---|---|---|
| 袖肘长（EL） | $32\left(\dfrac{号}{5}-1\right)$ | 胸围（$B$） | 94 |
| 标准袖长（SL） | 59 | 胸省量（$X$） | 3 |
| 袖窿深平均值（$D$） | 18.5 | 袖窿弧线（AH） | 44 |
| $\mathrm{SH}\approx D-0.3\times R-1+\dfrac{吃势}{2}$ $\mathrm{SH}\approx\dfrac{AH}{3}+\dfrac{吃势}{2}$ | 15（吃势2） | 袖窿宽（$R$） | 11 |
| | | 袖肥（SW） | $32=27+\dfrac{10}{2}$ |
| $L\approx\dfrac{AH-2.5+吃势}{2}$ | 22 | 袖口围（CW） | 24 |

注　袖子吃势量由款式、面料、工艺等因素决定，两片袖采用常用的吃势量为2~3。

#### 2. 两片袖框架设计

两片袖的框架是在一片袖的基础上绘制完成的。

（1）绘制一片袖基本型结构，校对袖山弧长与袖窿弧长的曲率使二者相吻合，吃势量分配均匀（图2-2-3）。

（2）平均分配前、后袖肥大小，作袖中线。沿袖中线对称翻转前、后袖底弧线，呈现两片袖型的状态（图2-2-4）。

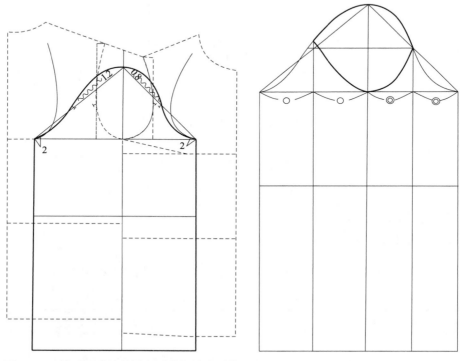

图2-2-3　校对两片袖的袖山弧线与袖窿弧线　　　　图2-2-4　两片袖框架

**3. 两片袖前倾基本型**

（1）袖子前倾的结构设计：袖子前倾两片袖属于合体袖型，常装配在合体衣身上中，如图2-2-5所示两片袖结构与手臂造型相吻合，袖子呈现袖肘处向前倾的状态。在前倾袖子的结构设计中需要改变袖中线的结构设计。

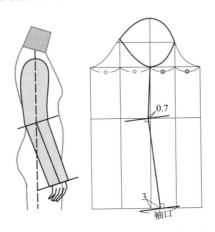

图2-2-5 两片袖前倾基本型的袖中线

（2）两片袖前倾基本型结构：在前倾的袖中线基础上绘制袖子的框架结构（图2-2-6）。移动袖肘下半部分与前$\frac{1}{2}$袖肥线点对齐，形成前倾的造型（图2-2-7）。在此基础上绘制前、后袖中缝弧线，形成两片袖前倾基本型结构（图2-2-8、图2-2-9）。

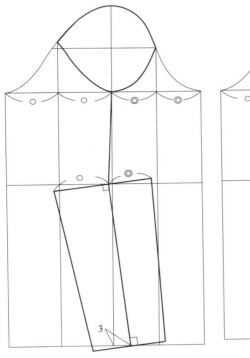 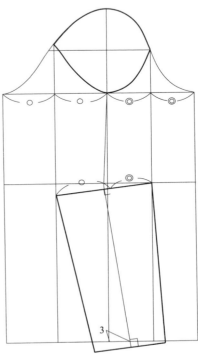

图2-2-6 两片袖前倾基本型步骤一　图2-2-7 两片袖前倾基本型步骤二

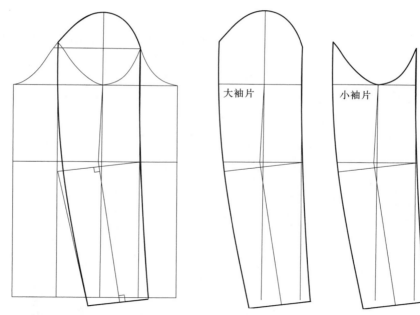

图2-2-8 两片袖前倾基本型步骤三　　图2-2-9 两片袖前倾基本型结构设计

### （四）两片袖基本型结构设计

#### 1.借量设计

在两片袖前倾基础上进行两片袖结构基本型设计。两片袖又称圆装袖，在结构设计中，前袖缝处采用了借量，改变袖缝线的位置，袖子外观效果比较好。

（1）两片袖基本型前袖缝结构设计：在两片袖前倾袖型基础上进行前袖缝借量设计，一般借量3~3.5cm。借量过小不能隐藏前袖缝，借量过大会产生弊病（图2-2-10）。

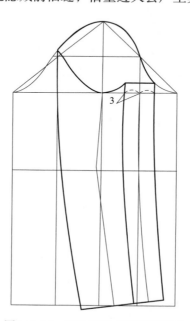

图2-2-10 两片袖基本型借量设计

（2）两片袖基本型袖口结构设计：在后袖缝的袖肘处进行归拢，满足袖肘的活动量。前袖缝因为借量，大小前袖缝与袖口斜线相交形成了一定的差量。大袖前袖缝小于小袖前袖缝，在服装制作中，可以将差量在袖肘处拔开，保证缝合时，大小前袖缝等长。对于不适合归拔的面料，在袖口设计中，可以延长大袖前袖缝0.5cm，保证大小前袖缝线等长（图2-2-11）。

（3）两片袖基本型结构如图2-2-12所示。

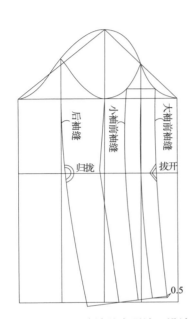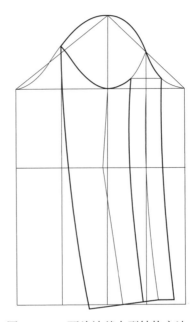

图2-2-11　两片袖基本型袖口设计　　图2-2-12　两片袖基本型结构方法一

**2.大小袖分开绘制**

在两片袖基本型结构基础上，绘制分开大小袖片结构造型，也是常用两片袖基本型（图2-2-13）。

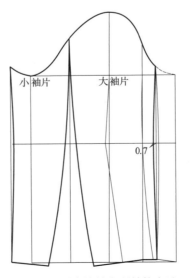

图2-2-13　两片袖基本型结构方法二

扫一扫可见两片袖
基本型纸样设计
视频

### （五）两片袖基本型试衣效果

#### 1.两片袖基本型样板放缝

两片袖基本型在袖型上放缝，袖山弧线与袖窿弧线均缝份0.8cm，领口处缝份0.6cm，衣身底边及袖口处缝份3cm，其余部位缝份均为1cm（图2-2-14）。

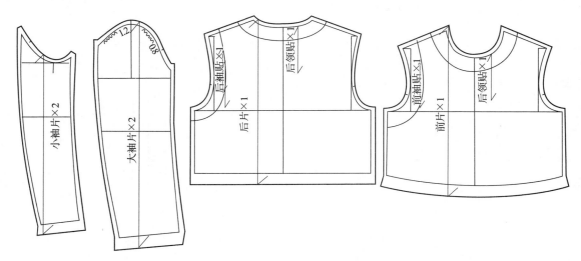

图2-2-14 两片袖基本型样板缝份示意图

#### 2.两片袖基本型款3D试衣

根据两片袖基本型样板进行工艺缝制试样，从三维角度观看成衣效果。两片袖正面呈现前倾造型，侧面呈现自然弯曲状态，背面吃势量饱满（图2-2-15）。

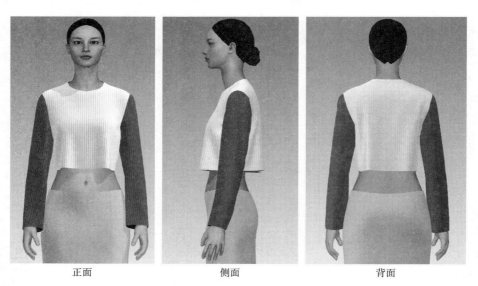

正面　　　　　　　　　侧面　　　　　　　　　背面

图2-2-15 两片袖基本型试衣效果

### （六）实践题

根据165/84A号型规格尺寸，按照图2-2-16中的款式图绘制有后袖衩两片袖基本型的结构。

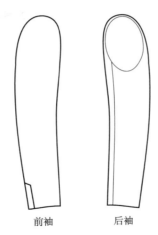

图2-2-16　后袖衩两片袖基本型实践款式图

## 二、两片袖合体型纸样设计

### （一）两片袖合体型款式分析

#### 1.款式特点

款式（一）：两片袖无后袖偏借量，前袖袖底内旋，袖口呈前倾造型。

款式（二）：两片袖有后袖偏借量，前袖袖底内旋，袖口呈前倾造型。

#### 2.两片袖合体型款式图（图2-2-17）

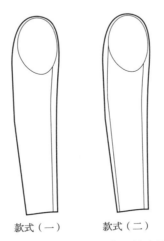

款式（一）　　　　款式（二）

图2-2-17　两片袖合体型款式图

### （二）两片袖合体型内旋结构设计

在两片袖前倾基本型的基础上进行前倾变化型结构设计。

（1）两片袖内旋结构设计中，袖子前袖肥线与袖中线垂直，形成内旋造型，袖山底部与袖窿底部更加贴体（图2-2-18~图2-2-20）。

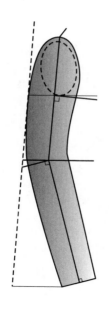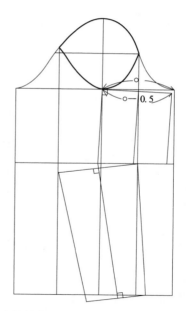

图2-2-18　两片袖合体型的内旋结构设计步骤一

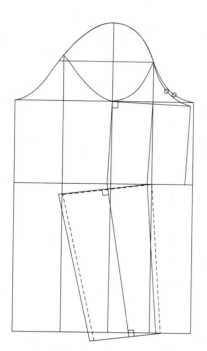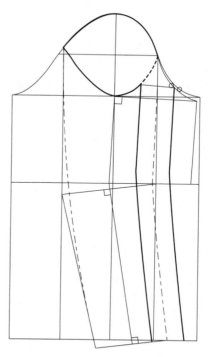

图2-2-19　两片袖合体型的内旋结构设计步骤二　　图2-2-20　两片袖合体型的内旋结构设计步骤三

（2）两片袖内旋结构设计与袖窿的关系：因为袖山弧线底部做了内旋造型设计，增加了与袖窿底部的重合量。袖子贴体度比较高，外观较美观（图2-2-21）。

**（三）两片袖合体型结构设计**

在前倾造型基础上进行后偏袖量的结构设计（图2-2-22~图2-2-24）。

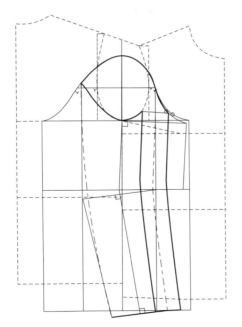 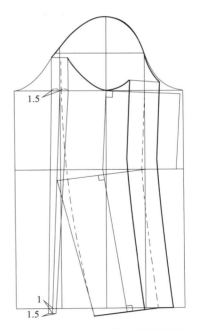

图2-2-21　两片袖合体型的内旋造型与袖窿相吻合　　图2-2-22　两片袖合体型结构步骤一

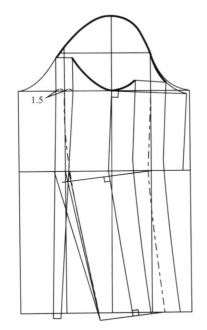 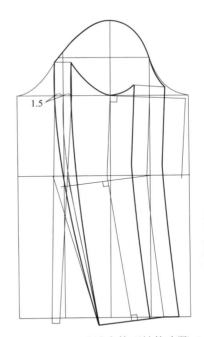

扫一扫可见两片袖合体型纸样设计视频

图2-2-23　两片袖合体型结构步骤二　　图2-2-24　两片袖合体型结构步骤三

## （四）两片袖合体型试衣效果

### 1. 两片袖合体型样板放缝

袖山弧线与袖窿弧线缝份均为0.8cm，领口处缝份0.6cm，衣身底边及袖口处缝份3cm，其余部位缝份均为1cm（图2-2-25）。

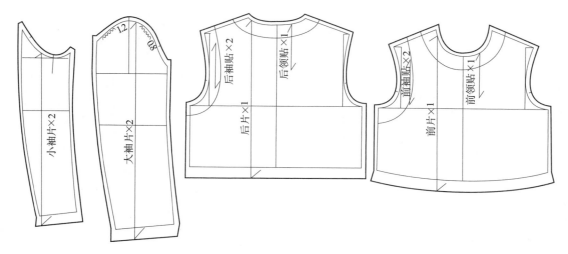

图2-2-25　两片袖合体型样板缝份示意图

### 2. 两片袖合体型款3D试衣

根据两片袖合体型样板进行工艺缝制试样，从三维角度观看成衣效果。正面在腋下呈现内旋形态，侧面呈现自然弯曲状态，背面袖山吃势量饱满（图2-2-26）。

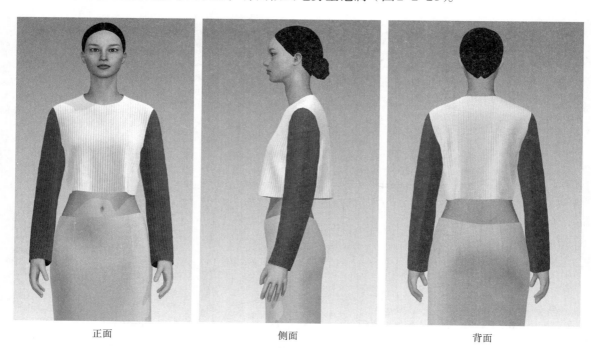

| 正面 | 侧面 | 背面 |

图2-2-26　两片袖合体型试衣效果

### （五）实践题

根据165/84A号型规格尺寸，按照图2-2-27中的款式图绘制有前、后袖衩的两片袖变化型的结构。

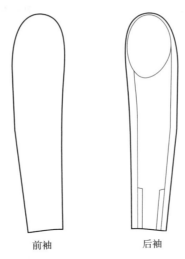

前袖　　　　　后袖

图2-2-27　两片袖实践款式图

# 第三节　插肩袖纸样设计

## 一、合体插肩袖纸样设计

### （一）合体插肩袖基本型款式分析

#### 1.款式特点

插肩袖基本型属于合体插肩袖，将袖子结构设计与肩部相连，形成插肩袖。

#### 2.合体插肩袖基本型款式图（图2-3-1）

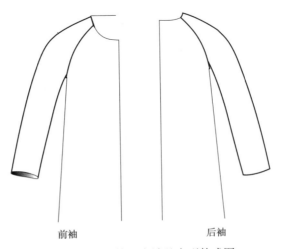

前袖　　　　　　　　后袖

图2-3-1　合体插肩袖基本型款式图

### （二）合体插肩袖规格设计

参考165/84A号型风衣基本型的袖窿规格尺寸，绘制插肩袖的结构（图2-3-2、表2-3-1）。

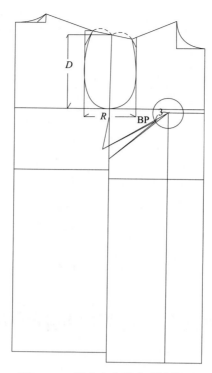

图2-3-2　风衣衣身基本型结构图

### 表2-3-1　165/84A合体插肩袖基本型规格尺寸

单位：cm

| 长度尺寸 | | 围度尺寸 | |
|---|---|---|---|
| 臂长 | 52 | 臂围 | 27 |
| 袖肘长（EL） | $32\left(\dfrac{号}{5}-1\right)$ | 胸围（B） | 100 |
| 袖长（SL） | 56 | 胸省量（X） | 2.5 |
| 袖窿深平均值（D） | 20 | 袖窿弧线（AH） | 48 |
| $SH\approx D-0.3\times R-1+\dfrac{吃势}{2}$<br>$SH\approx \dfrac{AH}{3}+\dfrac{吃势}{2}$ | 15（吃势0） | 袖窿宽（R） | 13.5 |
| | | 袖肥（SW） | $35=27+\dfrac{16}{2}$ |
| $L\approx\dfrac{AH-2.5+吃势}{2}$ | 23 | 袖口围（CW） | 27 |

注　袖子吃势量由款式、面料、工艺等因素决定，插肩袖采用常用量0~1。

### （三）合体插肩袖结构设计

#### 1. 合体插肩袖框架图

（1）根据尺寸规格绘制一片袖基本型（图2-3-3）。

（2）校正袖窿弧线与袖山弧线的吻合度与吃势量的准确性（图2-3-4）。

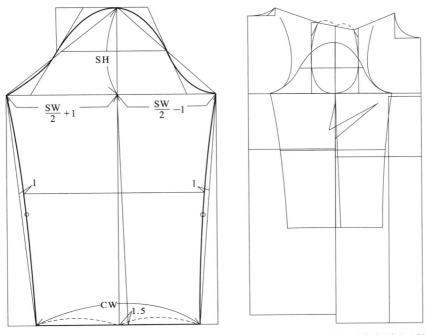

图2-3-3　一片袖基本型　　　　图2-3-4　校正袖窿弧线与袖山弧线

（3）插肩袖角度设计：上平线与袖中线的夹角称为插肩袖的角度。插肩袖常用角度为60°、45°、30°，角度越大，袖子与衣身余量越小，袖子活动量越小；角度越小，袖子与衣身余量越大，袖子活动量越大。45°是常用插肩袖角度，袖子活动松量适宜，属于较合体插肩袖。60°是合体插肩袖型，30°是宽松插肩袖型（图2-3-5）。

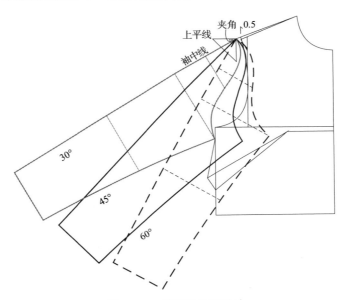

图2-3-5　插肩袖角度设计

**2.合体插肩袖结构设计**

（1）在袖窿处设计插肩袖角度，根据角度将袖子与袖窿相交（图2-3-6）。

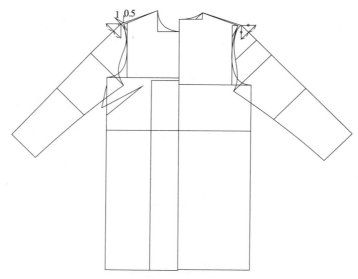

图2-3-6　合体插肩袖基本型结构设计步骤一

（2）根据款式设计袖窿分割线的位置，在袖窿弧线处确定切点（图2-3-7）。

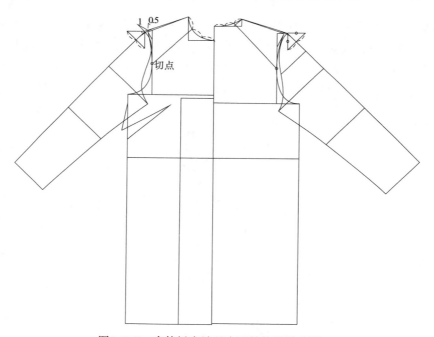

图2-3-7　合体插肩袖基本型结构设计步骤二

（3）绘制袖窿分割线，然后调整切点以下的袖窿弧线，使之与对应的袖窿分割弧线等长（图2-3-8）。

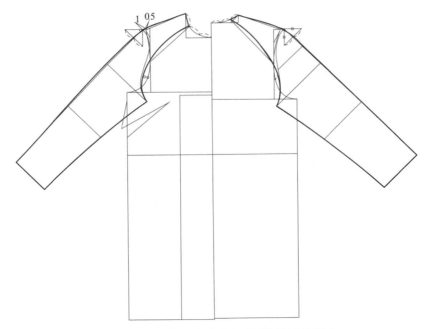

图2-3-8 合体插肩袖基本型结构设计步骤三

（4）确定插肩袖与衣身绱袖对位点（图2-3-9）。

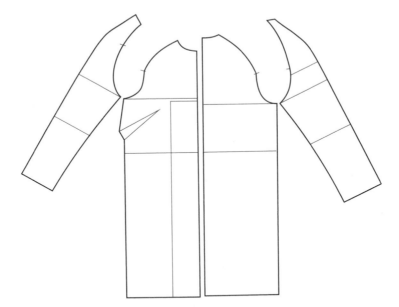

扫一扫可见合体
插肩袖纸样设计
视频

图2-3-9 合体插肩袖基本型结构设计步骤四

**（四）合体插肩袖试衣效果**

**1. 合体插肩袖样板放缝**

领口缝份0.6cm，袖窿缝份0.8cm，衣身与袖口底边缝份3~4cm，其余部位缝份1cm（图2-3-10）。

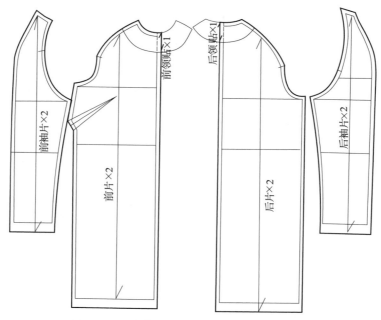

图2-3-10　合体插肩袖基本型样板缝份示意图

### 2. 合体插肩袖 3D 试衣

根据合体插肩袖样板进行工艺缝制试样，从三维角度观看成衣效果。合体插肩袖的角度采用45°，袖子正面展开45°无不良褶皱，侧面肩部与袖子线条流畅，袖子背面无不良褶皱（图2-3-11）。

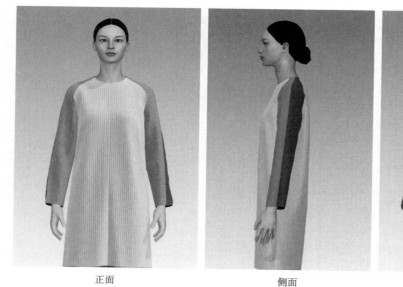

正面　　　　　　　　　　　侧面　　　　　　　　　　　背面

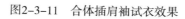

图2-3-11　合体插肩袖试衣效果

### （五）实践题

根据穿着者的人体尺寸，设计合体插肩袖基本型的规格。在此基础上，按照款式图进行结构设计（图2-3-12）。

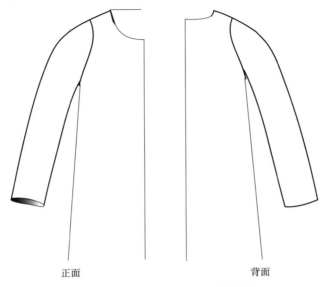

正面　　　　　　　　　　背面

图2-3-12　合体插肩袖实践款式图

## 二、宽松插肩袖纸样设计

### （一）宽松插肩袖款式分析

#### 1.款式特点

宽松插肩袖是与宽松衣身结构相结合，从前中心线开始设计插肩袖分割线，将领口与肩斜线、袖窿线与袖子结构相连，形成全插肩袖。

#### 2.宽松插肩袖款式图（图2-3-13）

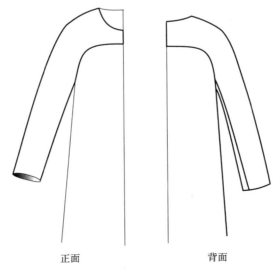

正面　　　　　　　　背面

图2-3-13　宽松插肩袖款式图

### （二）宽松插肩袖规格设计

参考165/84A号型风衣变化型的袖窿规格尺寸，绘制插肩袖的结构（图2-3-14、表2-3-2）。

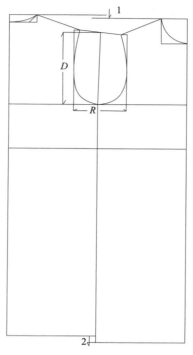

图2-3-14　风衣变化型衣身框架

### 表2-3-2　165/84A宽松插肩袖规格尺寸

单位：cm

| 长度尺寸 | | 围度尺寸 | |
|---|---|---|---|
| 臂长 | 52 | 臂围 | 27 |
| 袖肘长（EL） | $32\left(\dfrac{号}{5}-1\right)$ | 胸围（$B$） | 110 |
| 袖长（SL） | 56 | 胸省量（$X$） | 0 |
| 袖窿深平均值（$D$） | 23 | 袖窿弧线（AH） | 55 |
| $\text{SH}\approx D-0.3\times R-1+\dfrac{吃势}{2}$ <br> $\text{SH}\approx\dfrac{\text{AH}}{3}+\dfrac{吃势}{2}$ | 17（吃势0） | 袖窿宽（$R$） | 16.5 |
| | | 袖肥（SW） | $40=27+\dfrac{26}{2}$ |
| $L\approx\dfrac{\text{AH}-2.5+吃势}{2}$ | 26 | 袖口围（CW） | 30 |

注　袖子吃势量由款式、面料、工艺等因素决定，插肩袖采用常用量0~1。

## （三）宽松插肩袖纸样设计

### 1.宽松插肩袖框架图

（1）根据规格表绘制一片袖子基本框架。校正袖山弧线与袖窿弧线的吻合度（图2-3-15）。

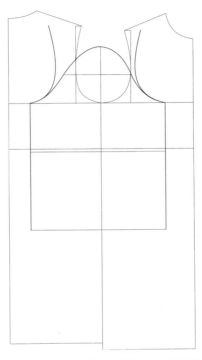

图2-3-15　校正袖山弧线与袖窿弧线

（2）根据尺寸规格绘制一片袖变化型结构（图2-3-16、图2-3-17）。

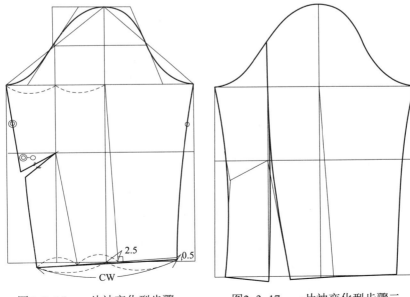

图2-3-16　一片袖变化型步骤一　　　　图2-3-17　一片袖变化型步骤二

（3）在延长肩斜线的基础上，按照10∶n定数的比例设置袖子角度，比例数字越大、袖子与衣身之间活动量就越小。10∶2属于宽松袖型，10∶4~10∶5属于较合体袖型，10∶6~10∶7属于合体袖型（图2-3-18、图2-3-19）。

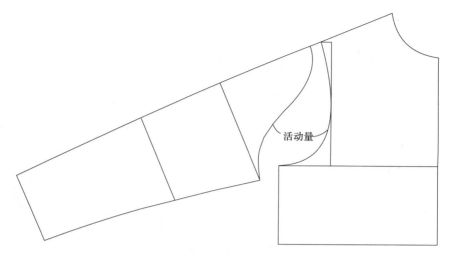

图2-3-18　袖与衣身活动量

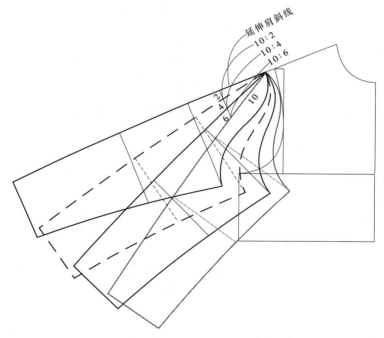

图2-3-19　袖与衣身的角度关系

**2.宽松插肩袖结构设计**

（1）参考袖与衣身角度的关系，根据款式图设计袖子的角度。沿袖中线将袖片分开，将前袖与前衣身对应，后袖与后衣身对应（图2-3-20）。

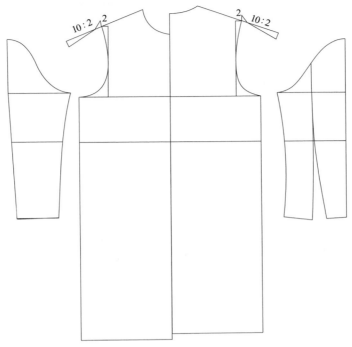

图2-3-20 衣身与袖片对应

（2）在袖与衣身对应结合的基础上，使衣身处的分割线与款式造型设计一致。在绘制袖窿处分割线时，注意切点以下部位，袖窿弧线与袖山弧线保证等长（图2-3-21）。

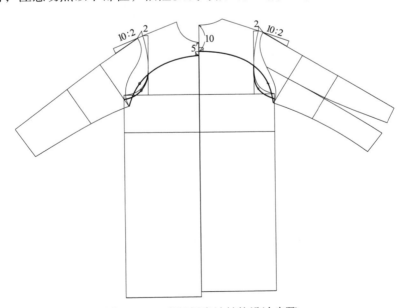

图2-3-21 宽松插肩袖结构设计步骤一

（3）根据结构设计，将插肩袖与衣身分开，呈现连身袖结构的袖片设计（图2-3-22）。

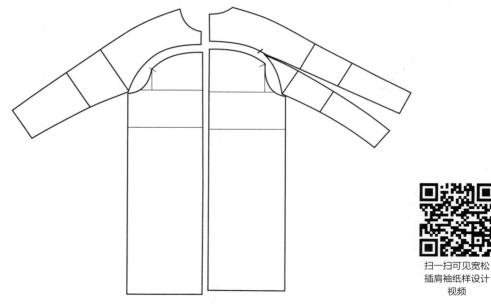

图2-3-22　宽松插肩袖结构设计步骤二

## （四）宽松插肩袖试衣效果

### 1.宽松插肩袖样板放缝

宽松插肩袖的衣身与袖口底边缝份3~4cm，其余部位缝份1cm（图2-3-23）。

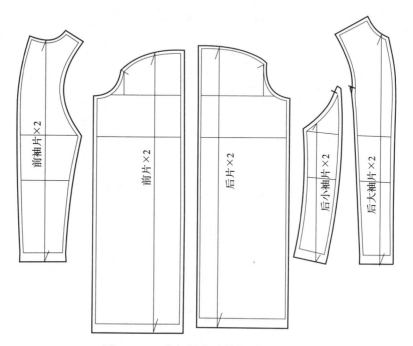

图2-3-23　宽松插肩袖样板缝份示意图

### 2.宽松插肩袖3D试衣

根据宽松插肩袖样板进行工艺缝制试样，从三维角度观看成衣效果。连身袖采用10∶2宽松式比例结构设计，前、后身腋下褶裥比较多，代表袖子与衣身的松量比较大（图2-3-24）。

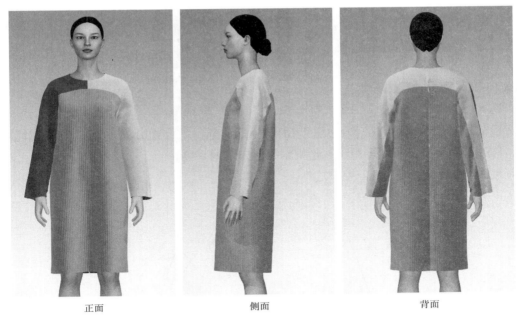

正面　　　　　　　　　　　侧面　　　　　　　　　　　背面

图2-3-24　宽松插肩袖试衣效果

**（五）实践题**

　　根据穿着者的人体尺寸，设计宽松插肩袖的规格。在此基础上，按照图2-3-25中的款式图进行结构设计。

正面　　　　　　　　　　　背面

图2-3-25　宽松插肩袖实践款式图

# 第四节　落肩袖纸样设计

## 一、宽松落肩袖纸样设计

### （一）宽松落肩袖款式分析

#### 1. 款式特点

宽松落肩袖属于大落肩袖型，是指肩斜线下落，袖山的位置沿正常肩端点向下低落一定的量，称为落肩量。落肩袖多用于宽松型服装，如休闲装等。

#### 2. 宽松落肩袖款式图（图2-4-1）

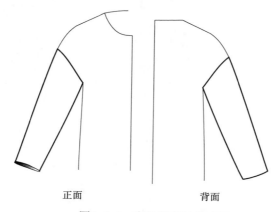

正面　　　　　　　　　背面

图2-4-1　宽松落肩袖款式图

### （二）宽松落肩袖规格设计

参考165/84A号型大衣宽松型的袖窿规格尺寸，绘制宽松落肩袖的结构（图2-4-2、表2-4-1）。

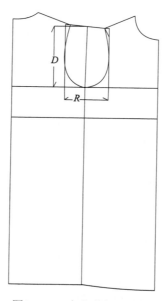

图2-4-2　大衣宽松型袖窿

表2-4-1　165/84A宽松落肩袖规格尺寸

单位：cm

| 长度尺寸 | | 围度尺寸 | |
|---|---|---|---|
| 臂长 | 52 | 臂围 | 27 |
| 袖肘长（EL） | $32\left(\dfrac{号}{5}-1\right)$ | 胸围（B） | 116 |
| 袖长（SL） | 55 | 胸省量（X） | 0 |
| 袖窿深平均值（D） | 26 | 袖窿弧线（AH） | 59 |
| $SH \approx D-0.3\times R-1\pm\dfrac{吃势}{2}$ <br> $SH \approx \dfrac{AH}{3}\pm\dfrac{吃势}{2}$ | 19.5 | 袖窿宽（R） | 17.5 |
| | | 袖肥（SW） | $43=27+\dfrac{32}{2}$ |
| 落肩量 | 9 | 袖口围（CW） | 32 |

**注**　落肩袖根据款式、面料、工艺等因素，一般是无吃势量，或者是倒吃势量。倒吃势量是指袖山弧线长度小于袖窿弧线长度，吃势量为负数。

**（三）宽松落肩袖结构设计**

（1）在袖窿基础上根据10：2比例延长肩斜线，确定落肩量9cm（图2-4-3）。

（2）在落肩量的基础上设计落肩袖窿弧线造型，前袖窿弧线比后袖窿弧线略深0.3cm（图2-4-4）。

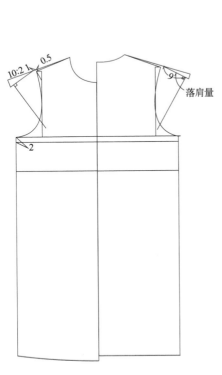

图2-4-3　落肩量的设计

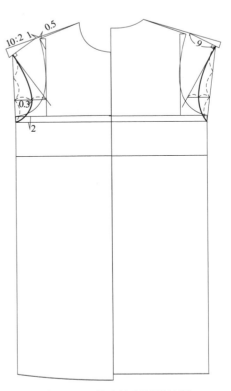

图2-4-4　落肩袖窿弧线绘制

（3）在落肩袖规格尺寸基础上设计袖子宽松框架图（图2-4-5）。

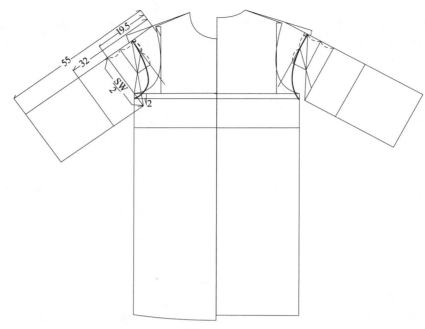

图2-4-5　宽松落肩袖框架图

（4）绘制宽松落肩袖的袖山弧线（图2-4-6）。

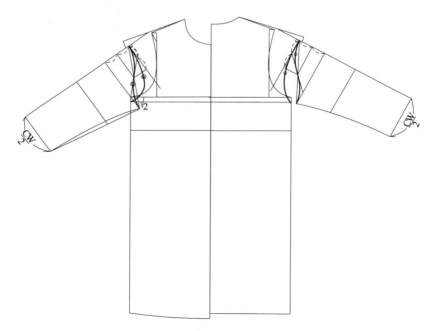

图2-4-6　宽松落肩袖袖山弧线绘制

（5）沿袖中线合并前后袖子及袖窿弧线，呈现落肩袖一片袖的形态（图2-4-7）。

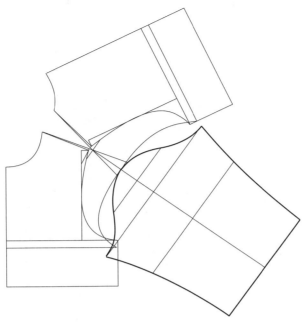

图2-4-7 宽松落肩袖结构设计

## （四）宽松落肩袖试衣效果

### 1.宽松落肩袖样板放缝

宽松落肩袖的领口缝份0.6cm，袖窿缝份0.8cm，衣身与袖口底边缝份4cm，挂面、底边缝份2cm，其余部位缝份1cm（图2-4-8）。

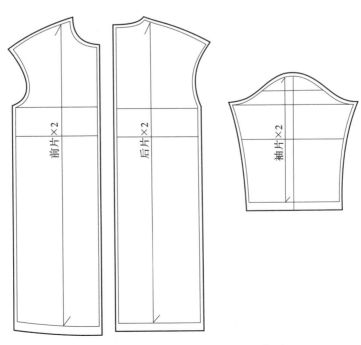

图2-4-8 宽松落肩袖样板缝份示意图

### 2.宽松落肩袖3D试衣

根据宽松落肩袖样板进行工艺缝制试样，从三维角度观看成衣效果。落肩袖属于宽松袖型，前面、侧面、后面在腋下都呈现了自然褶皱，保留了适当的活动松量（图2-4-9）。

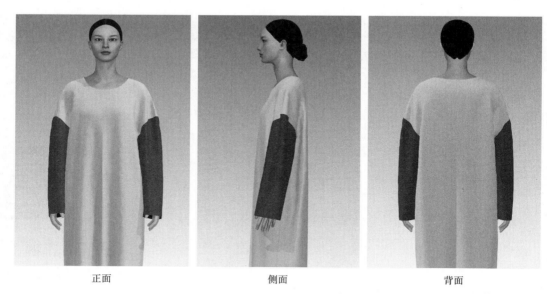

正面　　　　　　　　　　　侧面　　　　　　　　　　　背面

图2-4-9　宽松落肩袖试衣效果

### （五）实践题

根据穿着者的人体尺寸，设计宽松落肩袖的规格。在此基础上，按照图2-4-10中的款式图进行结构设计。

正面　　　　　　　　　　　　　　　　背面

图2-4-10　宽松落肩袖实践款式图

## 二、合体落肩袖纸样设计

### （一）合体落肩袖款式分析

#### 1. 款式特点

合体落肩袖型的袖山沿肩斜线向下低落，低于正常肩端点一定的量（≤5cm），这个量称为落肩量。落肩袖的后袖有分割线，适合较合体衣身结构。

#### 2. 合体落肩袖款式图（图2-4-11）

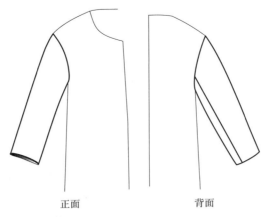

正面　　　　　　　背面

图2-4-11　合体落肩袖款式图

### （二）合体落肩袖规格设计

参考165/84A号型大衣合体型的袖窿规格尺寸，绘制合体落肩袖的结构（图2-4-12、表2-4-2）。

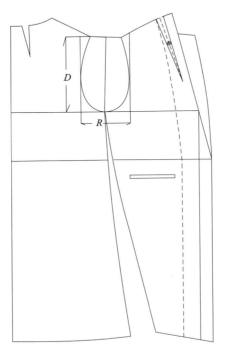

图2-4-12　大衣合体型袖窿

表2-4-2　165/84A合体落肩袖规格尺寸表

单位：cm

| 长度尺寸 | | 围度尺寸 | |
|---|---|---|---|
| 臂长 | 52 | 臂围 | 27 |
| 袖肘长（EL） | $32\left(\dfrac{\text{号}}{5}-1\right)$ | 胸围（B） | 108 |
| 袖长（SL） | 55 | 胸省量（X） | 2 |
| 袖窿深平均值（D） | 22 | 袖窿弧线（AH） | 53.5 |
| $SH \approx D - 0.3 \times R - 1 \pm \dfrac{\text{吃势}}{2}$ $SH \approx \dfrac{AH}{3} \pm \dfrac{\text{吃势}}{2}$ | 16.5 | 袖窿宽（R） | 15.5 |
| | | 袖肥（SW） | $39 = 27 + \dfrac{24}{2}$ |
| 落肩量 | 5 | 袖口围（CW） | 30 |

注　落肩袖的倒吃势量是0.8~1。

### （三）合体落肩袖结构设计

（1）延长肩斜线，确定落肩量为5cm。绘制袖窿弧线，前袖窿比后袖窿略深0.3cm（图2-4-13）。

（2）根据落肩袖规格尺寸，绘制合体落肩袖框架图（图2-4-14）。

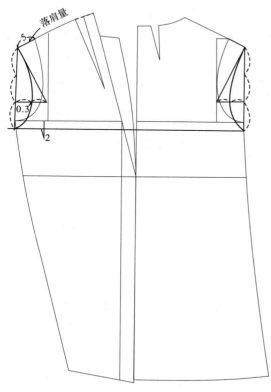

图2-4-13　落肩量的设计

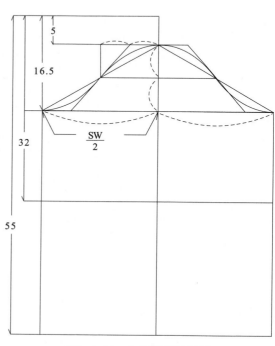

图2-4-14　合体落肩袖框架

（3）在合体落肩袖框架图的基础上，取后袖肥 $\frac{1}{2}$ 处绘制后袖缝线分割线，袖口省取8cm（图2-4-15）。

（4）袖窿弧线长于袖山弧线，袖窿弧线处吃势量0.8cm（图2-4-16）。

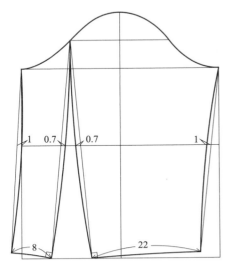

图2-4-15　合体落肩袖结构设计

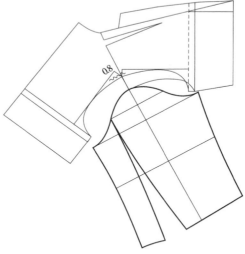

图2-4-16　校对合体落肩袖与袖窿

扫一扫可见合体
落肩袖纸样设计
视频

**（四）合体落肩袖试衣效果**

**1.合体落肩袖样板放缝**

领口处缝份0.6cm，袖窿处缝份0.8cm，衣身与袖口底边缝份3~4cm，其余部位缝份1cm（图2-4-17）。

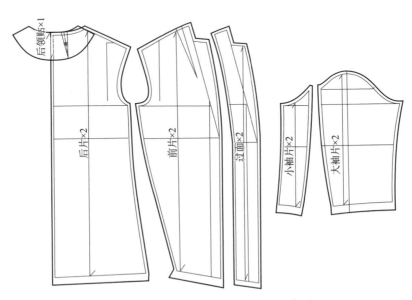

图2-4-17　合体落肩袖样板缝份示意图

**2.合体落肩袖3D试衣**

根据合体落肩袖样板进行工艺缝制试样，从三维角度观看成衣效果。合体落肩袖落肩量比较小，正面、侧面、背面袖型松量适宜，较合体；后袖处设有分割线（图2-4-18）。

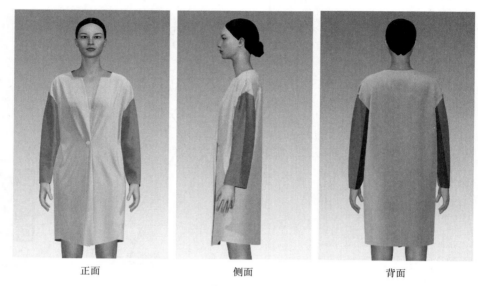

正面　　　　　　　　　侧面　　　　　　　　　背面

图2-4-18　合体落肩袖试衣效果

**（五）实践题**

根据穿着者的人体尺寸，设计合体落肩袖的规格。在此基础上，按照图2-4-19中的款式图进行结构设计，后袖设有袖肘省。

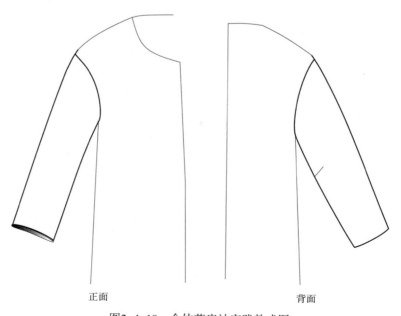

正面　　　　　　　　　　　　　背面

图2-4-19　合体落肩袖实践款式图

# 第五节　连身袖纸样设计

## 一、分割连身袖纸样设计

### （一）分割连身袖款式分析

**1.款式特点**

分割连身袖型属于较合体连身袖，在袖子与衣身侧缝处设有分割线，分割线部分相对接，隐藏在袖窿底部。

**2.分割连身袖款式图（图2-5-1）**

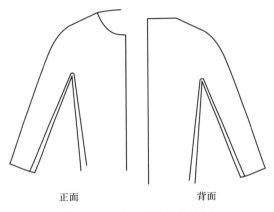

正面　　　　　　　　背面

图2-5-1　分割连身袖款式图

### （二）分割连身袖规格设计

参考165/84A号型大衣分割型的袖窿规格尺寸，绘制分割连身袖的结构（图2-5-2、表2-5-1）。

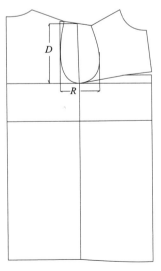

图2-5-2　大衣分割型袖窿

表2-5-1　165/84A分割连身袖规格尺寸

单位：cm

| 长度尺寸 | | 围度尺寸 | |
|---|---|---|---|
| 臂长 | 52 | 臂围 | 27 |
| 袖肘长（EL） | $32\left(\dfrac{号}{5}-1\right)$ | 胸围（B） | 108 |
| 袖长（SL） | 56 | 胸省量（X） | 2 |
| 袖窿深平均值（D） | 22 | 袖窿弧线（AH） | 53.5 |
| 袖山高（SH） | 17 | 袖窿宽（R） | 15.5 |
| 袖口围（CW） | 24 | 袖肥（SW） | 27 |

## （三）分割连身袖结构设计

（1）根据分割连身袖规格绘制一片袖结构（图2-5-3）。

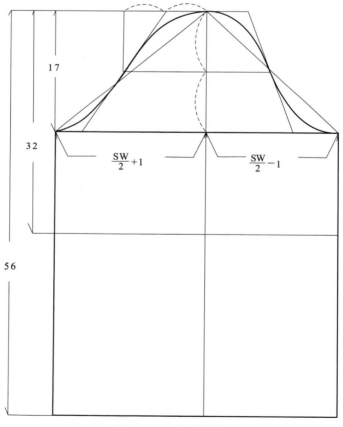

图2-5-3　一片袖结构

（2）在袖窿基础上根据10∶5比例，延长肩斜线，确定连身袖的位置（图2-5-4）。

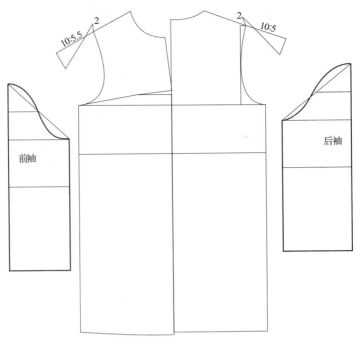

图2-5-4　连身袖比例设计

（3）将比例延长线与袖中线重合，袖窿与袖山弧线相切作前、后袖分割线，同时根据切点作衣身分割线（图2-5-5）。

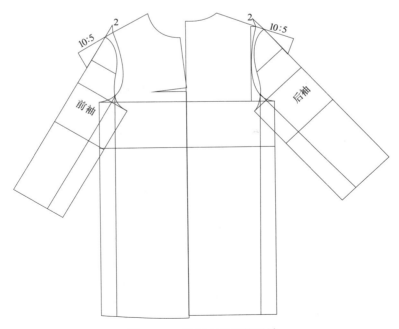

图2-5-5　袖与衣身结构设计

（4）将前、后袖底分割裁片合并，同时将前、后衣身分割裁片合并（图2-5-6）。

图2-5-6　分割连身袖框架图

（5）在袖子框架图基础上，根据款式图设计后袖口省（图2-5-7）。

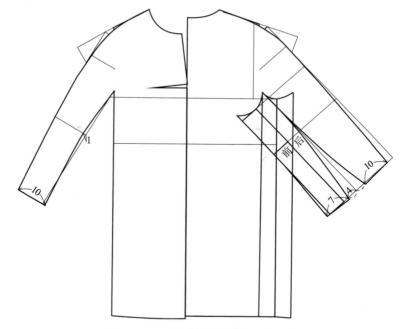

图2-5-7　分割连身袖后袖口省设计

（6）绘制完成分割连身袖结构（图2-5-8）。

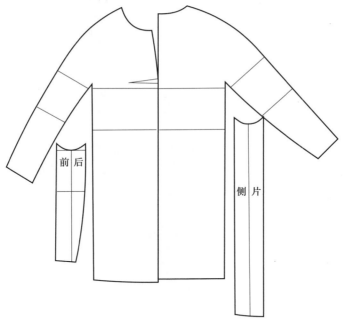

扫一扫可见分割
连身袖纸样设计
视频

图2-5-8　分割连身袖结构设计

## （四）分割连身袖试衣效果

### 1.分割连身袖样板放缝

分割连身袖样板的领口处缝份0.6cm，袖窿处缝份0.8cm，衣身与袖口底边缝份3~4cm，其余部位缝份1cm（图2-5-9）。

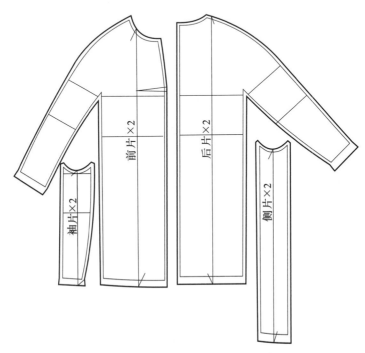

图2-5-9　分割连身袖样板缝份示意图

### 2.分割连身袖3D试衣

根据分割连身袖样板进行工艺缝制试样，从三维角度观看成衣效果。分割连身袖属于较合体款式，从正面、侧面、背面看袖与衣身分割线相连（图2-5-10）。

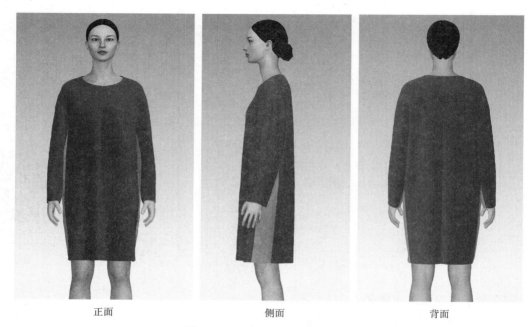

正面　　　　　　　　　　　　　　侧面　　　　　　　　　　　　　　背面

图2-5-10　分割连身袖试衣效果

### （五）实践题

根据穿着者的人体尺寸，设计分割连身袖的规格。在此基础上，按照图2-5-11中的款式图进行结构设计。

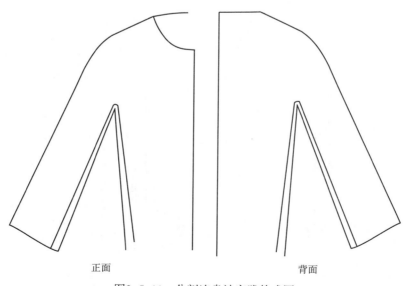

正面　　　　　　　　　　　　　　背面

图2-5-11　分割连身袖实践款式图

## 二、中式连身袖纸样设计

### （一）中式连身袖款式分析

#### 1.款式特点

中式连身袖型属于中式袖型，是指衣身与袖子相连的袖型结构设计。因袖子与衣身相连，所以人体手臂活动时会受到衣身的阻碍。

#### 2.中式连身袖款式图（图2-5-12）

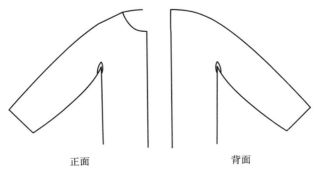

正面　　　　　　　　背面

图2-5-12　中式连身袖款式图

### （二）中式连身袖规格设计

参考165/84A号型大衣的袖窿规格尺寸，绘制中式连身袖的袖窿（图2-5-13、表2-5-2）。

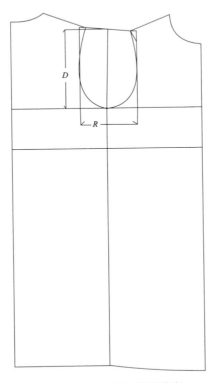

图2-5-13　中式连身袖袖窿

表2-5-2　165/84A中式连身袖规格尺寸

单位：cm

| 长度尺寸 | | 围度尺寸 | |
|---|---|---|---|
| 臂长 | 52 | 臂围 | 27 |
| 袖肘长（EL） | $32\left(\dfrac{号}{5}-1\right)$ | 胸围（B） | 116 |
| 袖长（SL） | 56 | 胸省量（X） | 0 |
| 袖隆深平均值（D） | 26 | 袖隆弧线（AH） | 59 |
| 袖山高（SH） | 13 | 袖隆宽（R） | 17.5 |
| 袖口围（CW） | 32 | 袖肥（SW） | 45 |

注　因为是宽松式连身袖，所以袖山高与袖肥自定义规格。

### （三）中式连身袖结构设计

（1）延长肩斜线2.5cm，在此基础上作10：2比例的角度线（图2-5-14）。

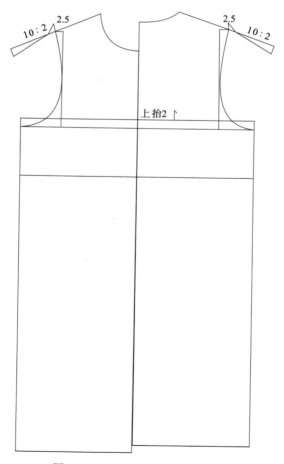

图2-5-14　中式连身袖角度设计

（2）根据连身袖角度线，按袖子规格尺寸绘制袖结构线（图2-5-15）。

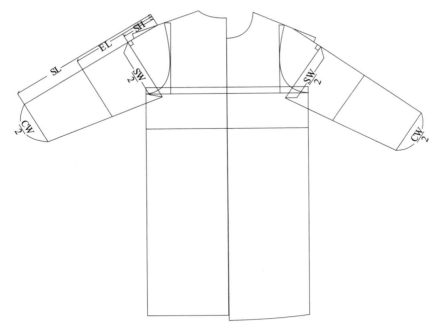

图2-5-15　袖结构线的绘制

（3）在连身袖结构设计中，要保持袖肥与袖缝线呈直角，所以袖缝线向外凸0.7cm（图2-5-16）。

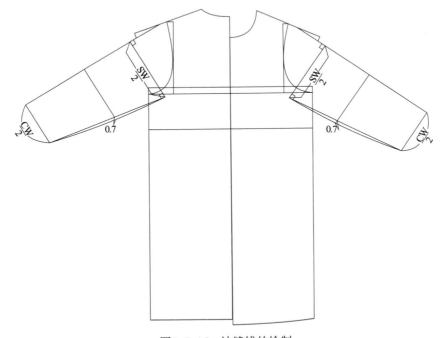

图2-5-16　袖缝线的绘制

（4）在袖肥与袖窿线的交点作等边三角形，形成腋下的插片结构（图2-5-17）。

图2-5-17　中式连身袖插片的绘制

（5）在前后袖底处设计插片的位置，根据插片的长度，绘制袖底插片的结构位置，保证长度与前、后插片一致（图2-5-18）。

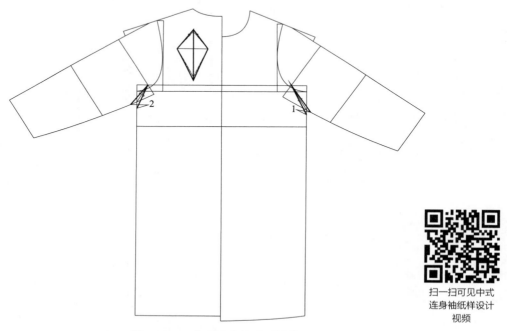

扫一扫可见中式
连身袖纸样设计
视频

图2-5-18　中式连身袖造型结构

**（四）中式连身袖试衣效果**

**1. 中式连身袖样板放缝**

中式连身袖样板的领口处缝份0.6cm，袖窿与袖插片处缝份0.5cm，衣身与袖口底边缝份3~4cm，其余部位加放缝份1cm（图2-5-19）。

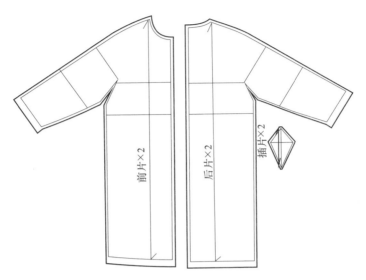

图2-5-19　中式连身袖样板缝份示意图

**2. 中式连身袖3D试衣**

根据中式连身袖样板进行工艺缝制试样，从三维角度观看成衣效果。中式连身袖属于宽松袖型，在腋下有一个菱形插片（图2-5-20）。

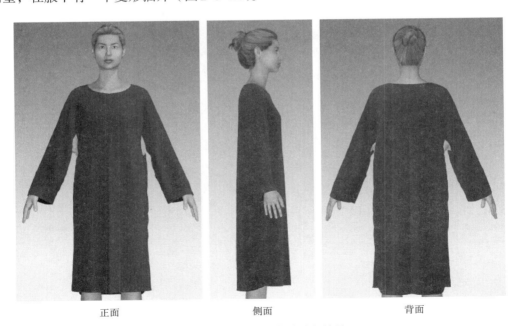

正面　　　　　　　侧面　　　　　　　背面

图2-5-20　中式连身袖试衣效果

**（五）实践题**

根据穿着者的人体尺寸，设计中式连身袖的规格。在此基础上，按照图2-5-21中的款式图进行结构设计。

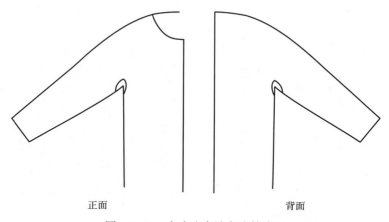

正面　　　　　　　　　背面

图2-5-21　中式连身袖实践款式图

# 第三章

# 领型纸样设计

**课题名称：** 领型纸样设计

**课题内容：** 1. 立领纸样设计

2. 衬衫领纸样设计

3. 驳领纸样设计

4. 翻领与翻立领纸样设计

**课题时间：** 8课时

**教学目的：** 掌握不同领型纸样设计的相关知识

**教学方式：** 理论讲授与实践操作

**教学要求：** 1. 掌握基础领型（翻领、立领）的结构设计方法

2. 能够根据基础领型进行变化领型（驳领、翻立领等）的结构设计

**课前（后）准备：** 相关教案、PPT、视频等

# 第一节　立领纸样设计

## 一、中式立领纸样设计

### （一）中式立领款式分析

#### 1.款式特点

中式立领属于关门领，领上口线小于领下口线，呈上小下大的形态。

#### 2.中式立领款式图（图3-1-1）

图3-1-1　中式立领款式图

### （二）中式立领线条名称

中式立领线条名称，如图3-1-2所示。

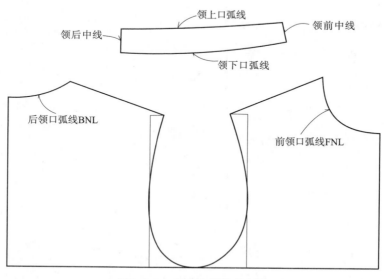

图3-1-2　中式立领线条名称

### （三）中式立领规格尺寸设计

立领长=后领口弧长BNL+前领口弧线长FNL，后中立领宽3cm，前中立领宽2.5cm，如

图3-1-3所示。

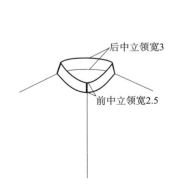
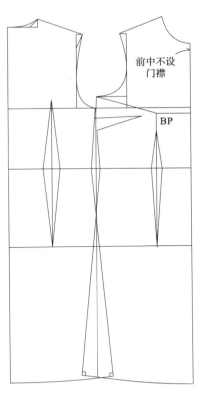

图3-1-3　中式立领规格设计

### （四）中式立领纸样设计

#### 1.中式立领框架图结构

（1）中式立领长等于前领口弧线长加后领口弧线长的和，立领宽根据款式图设计（图3-1-4）。

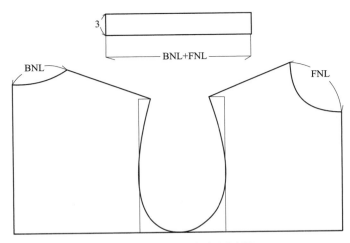

图3-1-4　中式立领框架图步骤一

（2）将立领长平均四等分，在四分之一处与前中相交设置起翘量（图3-1-5）。

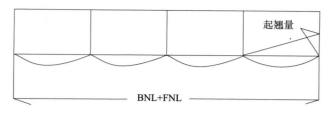

图3-1-5　中式立领框架图步骤二

（3）在起翘量基础上作垂线，取前领中心宽。连接起翘量与后领中心，作立领下口弧线（图3-1-6）。

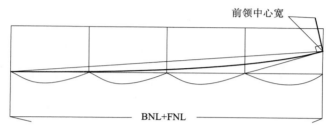

图3-1-6　中式立领框架图步骤三

（4）连接立领上口线，作弧线造型设计（图3-1-7）。

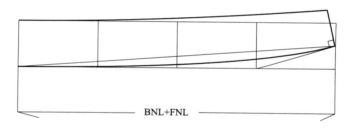

图3-1-7　中式立领框架图步骤四

**2.中式立领结构设计**

（1）中式立领起翘量取1.5cm，前领宽取2.5cm（图3-1-8）。

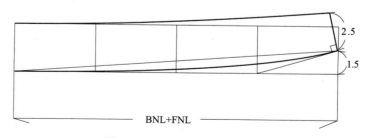

图3-1-8　中式立领结构设计一

（2）中式立领起翘量取2.5cm，前领中心宽取2.5cm（图3-1-9）。

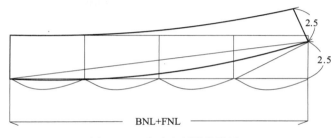

图3-1-9 中式立领结构设计二

（3）分析不同起翘量与颈部贴合度的关系。起翘量越大离人体颈部就越近，反之越远。起翘量的大小与颈部贴合度成正比关系（图3-1-10）。

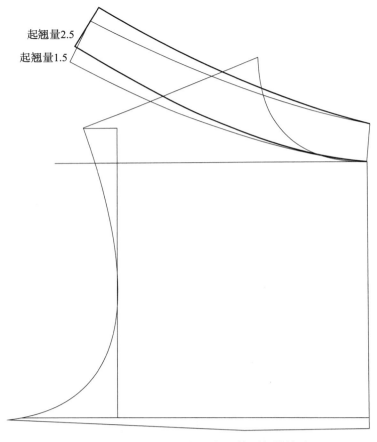

图3-1-10 中式立领起翘量与人体颈部的关系

## （五）中式立领试衣效果

### 1. 中式立领样板放缝

在立领上放缝，绱领弧线与领口弧线缝份都是0.6cm，衣身底边缝份3cm，其余部位缝份均为1cm（图3-1-11）。

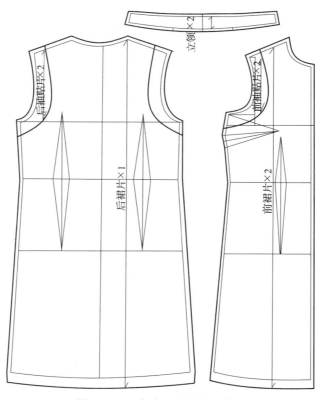

图3-1-11　中式立领缝份示意图

## 2. 中式立领3D试衣

　　根据中式立领样板进行工艺缝制试样，从三维角度观看成衣效果。正面看直线分割线效果，侧面看前后衣身平衡效果，背面看弧线分割及后中分割效果（图3-1-12）。

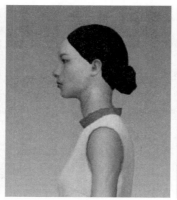
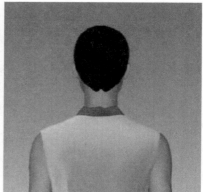

正面　　　　　　　　　　　　　侧面　　　　　　　　　　　　　背面

图3-1-12　中式立领试衣效果

## （六）实践题

　　根据165/84A号型规格尺寸，参考图3-1-13中的款式图设计立领结构。

图3-1-13　立领实践款式图

# 二、休闲立领纸样设计

## （一）休闲立领款式分析

### 1.款式特点
休闲立领款式属于连立领，将立领与领口分割线结构设计相结合，形成连立领造型设计。

### 2.休闲立领款式图（图3-1-14）

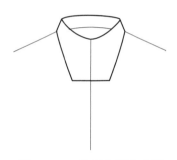

图3-1-14　休闲立领款式图

## （二）休闲立领结构图设计

### 1.绘制休闲立领结构设计
（1）在基本型领口基础上，根据款式设计休闲立领款式（图3-1-15）。

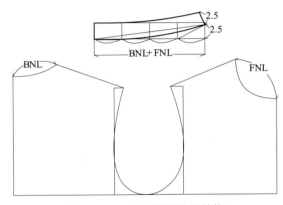

图3-1-15　基本休闲立领结构

（2）在前领口基本型的基础上，根据款式图绘制前领口的造型结构。前中心线与前领中心线的夹角一般为10°（图3-1-16）。

（3）将立领前中心线与角度线相吻合，分割线与立领相交。调整好分割线与立领的结构线条（图3-1-17）。

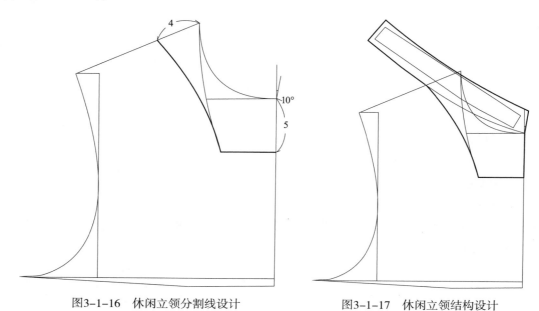

图3-1-16　休闲立领分割线设计　　　　　　　图3-1-17　休闲立领结构设计

（4）提取休闲立领结构图（图3-1-18）。

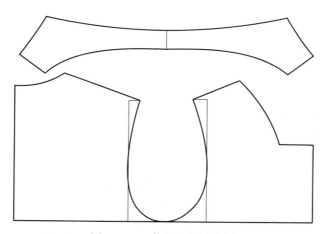

图3-1-18　休闲立领结构图

扫一扫可见休闲
立领纸样设计视频

### 2.连身立领款式结构设计案例

（1）连身立领借肩结构设计（图3-1-19）。

（2）棒球服装立领结构设计（图3-1-20）。

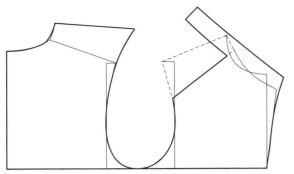 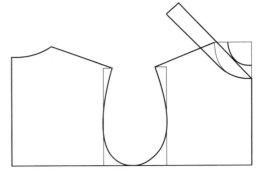

图3-1-19 连身立领结构设计　　　　　　图3-1-20 棒球服装立领结构设计

### （三）休闲立领试衣效果

#### 1.休闲立领样板放缝

绱领弧线与领口弧线缝份都是0.6cm，衣身底边缝份3cm，其余部位缝份均为1cm（图3-1-21）。

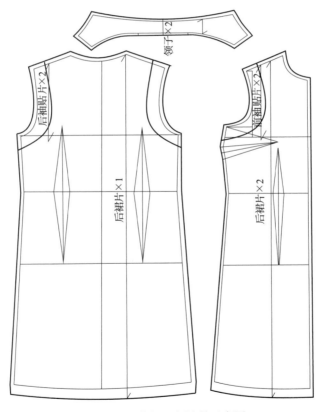

图3-1-21 休闲立领缝份示意图

#### 2.休闲立领3D试衣

根据休闲立领样板进行工艺缝制试样，从三维角度观看成衣效果。正面休闲立领是方形领口，侧面变化立领前后平衡，背面变化立领造型与立领基本型一致（图3-1-22）。

 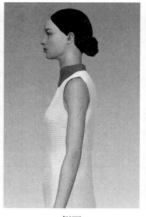 

正面     侧面     背面

图3-1-22　休闲立领试衣效果

**（四）实践题**

根据165/84A号型规格尺寸，参考图3-1-23中的款式图设计立领变化型（连立领）结构。

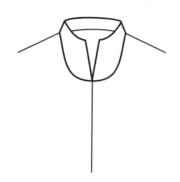

图3-1-23　连立领实践款式图

# 第二节　衬衫领纸样设计

## 一、衬衫翻立领纸样设计

### （一）衬衫翻立领款式分析

#### 1.款式特点

衬衫翻立领是翻领与立领相结合的领型，是衬衫经典领子款式。

#### 2.衬衫翻立领款式图（图3-2-1）

### （二）衬衫翻立领线条名称

衬衫翻立领线条名称，如图3-2-2所示。

图3-2-1　衬衫翻立领款式图

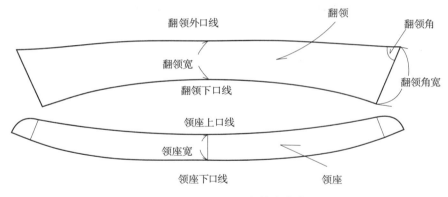

图3-2-2 衬衫翻立领线条名称

### （三）衬衫翻立领规格尺寸设计

衬衫翻立领规格尺寸设计，如图3-2-3、表3-2-1所示。

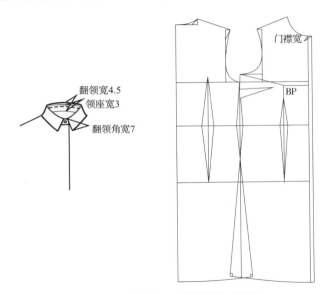

图3-2-3 衬衫翻立领规格尺寸设计

### 表3-2-1 衬衫翻立领规格设计

单位：cm

| 号型 | 胸围 | 翻立领宽 | 领座宽 | 门襟宽 | 翻立领角宽 |
|---|---|---|---|---|---|
| 165/84A | 90 | 4.5 | 3 | 1.8 | 7 |

### （四）衬衫翻立领结构图设计

#### 1.衬衫翻立领结构设计

（1）在基本型衬衫立领基础上（图3-2-4），绘制衬衫翻立领结构设计。

（2）在立领基本型基础上，延长领下口线设计门襟宽的大小。根据款式尺寸进行绘制（图3-2-5）。

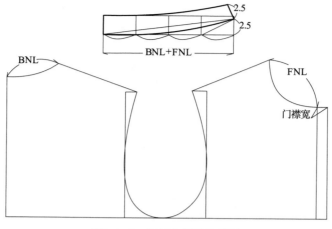

图3-2-4　衬衫立领结构设计

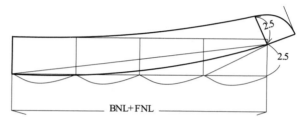

图3-2-5　衬衫立领含门襟设计

（3）延长后领中心线1.5cm，作翻领后中线宽，根据款式确定翻领角宽，连接翻领外口弧线（图3-2-6）。

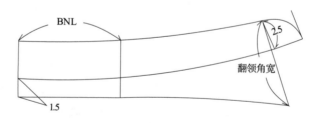

图3-2-6　衬衫翻领结构设计

（4）在后弧线点处预设翻领重叠量0.5cm（衬衫面料厚度常用值），根据面料及款式设计重叠量的大小，面料越厚，重叠量越大，一般展开的位置在后领弧线处（BNL），展开量设计为0.5cm（图3-2-7）。

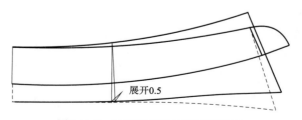

图3-2-7　衬衫翻领外口展开量设计

（5）按照展开量0.5cm将翻领外口线展开，翻领下口线长度不变，形成翻领结构的造型设计（图3-2-8）。

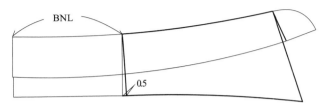

图3-2-8　衬衫翻领结构造型设计

**2.衬衫翻立领结构设计案例**

（1）领座前端设计为圆头，翻领角设计为圆角。规格尺寸可以根据款式自行设计（图3-2-9）。

图3-2-9　衬衫翻立领案例一

（2）领座前端设计为方头，翻领角设计为方角。规格尺寸可以根据款式自行设计（图3-2-10）。

**（五）衬衫翻立领试衣效果**

**1.衬衫翻立领样板放缝**

领座上领弧线与翻领下领口弧线缝份都是0.6cm，衣身底边缝份3cm，其余部位缝份均为1cm（图3-2-11）。

图3-2-10　衬衫翻立领案例二

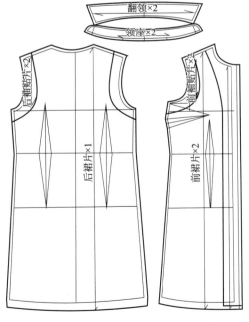

扫一扫可见衬衫
翻立领纸样设计
视频

图3-2-11　衬衫翻立领缝份示意图

### 2. 衬衫翻立领3D试衣

根据立领样板进行工艺缝制试样，从三维角度观看成衣效果。正面领座前端与门襟相缝合，侧面翻立领平服，背面翻立领外口弧线流畅（图3-2-12）。

  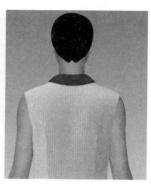

正面　　　　　　　　　　侧面　　　　　　　　　　背面

图3-2-12　衬衫翻立领试衣效果

### （六）实践题

根据165/84A号型规格尺寸，参考图3-2-13款式图设计衬衫翻立领结构。

图3-2-13　衬衫翻立领实践款式图

## 二、衬衫翻领纸样设计

### （一）衬衫翻领款式分析

#### 1. 款式特点

翻领是女衬衫常用领型，其特点是领座与领面连在一起。

#### 2. 衬衫翻领款式图（图3-2-14）

图3-2-14　衬衫翻领款式图

## （二）衬衫翻领规格设计

衬衫翻领规格设计如图3-2-15、表3-2-2所示。

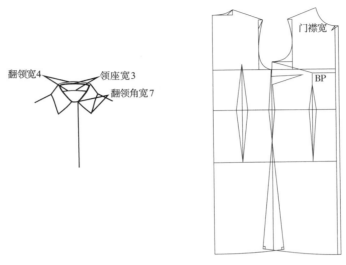

图3-2-15 衬衫翻领规格设计

**表3-2-2 衬衫翻领规格尺寸**

单位：cm

| 号型 | 胸围 | 翻领宽（b） | 领座宽（a） | 门襟宽 | 翻领角宽 |
|------|------|-----------|-----------|--------|---------|
| 165/84A | 90 | 4.5 | 3 | 1.8 | 7 |

## （三）衬衫翻领结构设计

（1）沿小肩斜线合并前后领口弧线，在前领口弧线基础上作延长线0.8a，绘制领基圆，沿绱领点作领基圆的切线作为翻领线（图3-2-16）。

（2）沿领口端点的肩斜线量取b+0.5，作出设计点。以前领端点为圆心，领角宽7cm作半径，设计前领角点。连接设计点和领角宽绘制翻领造型（图3-2-17）。

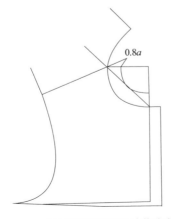

图3-2-16 衬衫翻领结构设计作翻领线

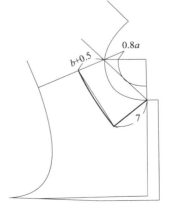

图3-2-17 绘制衬衫翻领造型

（3）根据图示绘制翻领的外口弧线（图3-2-18）。

（4）绘制翻领对称造型结构，作翻折线的平行线（图3-2-19）。

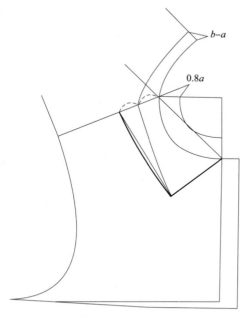

图3-2-18　绘制衬衫翻领外口弧线

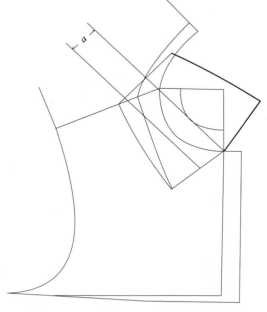

图3-2-19　绘制衬衫翻领对称造型结构

（5）根据$n_2$（翻领外口点）与$n_1$（后领口点）的差绘制翻领松度，作后翻领的造型结构（图3-2-20）。

（6）绘制翻领结构造型线（图3-2-21）。

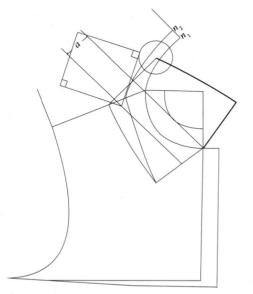

图3-2-20　绘制衬衫翻领松度

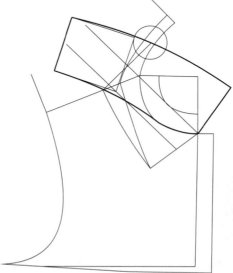

图3-2-21　绘制衬衫翻领结构造型线

扫一扫可见衬衫
翻领纸样设计视频

**（四）衬衫翻领试衣效果**

**1.衬衫翻领样板放缝**

（1）衬衫翻领面制作，如图3-2-22、图3-2-23所示。

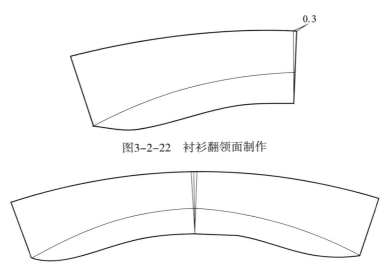

图3-2-22　衬衫翻领面制作

图3-2-23　对称衬衫翻领面

（2）衬衫翻领放缝：绱领弧线与领口弧线缝份均为0.6cm，衣身底边缝份3cm，其余部位缝份均为1cm（图3-2-24）。

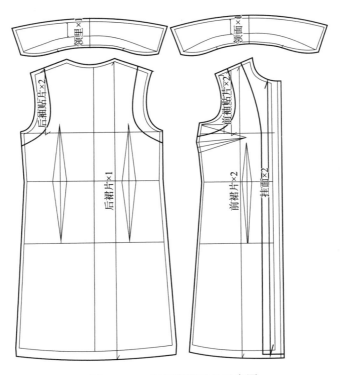

图3-2-24　衬衫翻领缝份示意图

### 2.衬衫翻领3D试衣

根据衬衫翻领样板进行工艺缝制试样，从三维角度观看成衣效果。正面翻领的绱领点在中心线处，侧面翻领外口服贴，背面翻领外口弧线流畅（图3-2-25）。

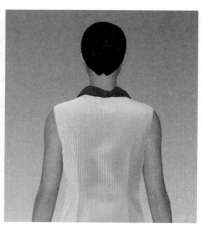

| 正面 | 侧面 | 背面 |

图3-2-25　衬衫翻领试衣效果

### （五）实践题

根据165/84A号型规格尺寸，参考图3-2-26中的款式图设计衬衫翻领结构图。

## 三、衬衫变化翻领纸样设计

### （一）衬衫变化翻领款式分析

#### 1.款式特点

领座与领面相连，领座线根据领口进行设计，形成V字领口造型线，燕型领角造型设计。

图3-2-26　衬衫翻领实践款式图

#### 2.衬衫变化翻领款式图（图3-2-27）

图3-2-27　衬衫变化翻领款式图

## （二）衬衫变化翻领规格设计（图3-2-28、表3-2-3）

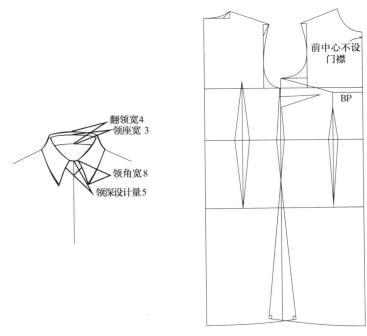

图3-2-28 衬衫变化翻领规格设计

### 表3-2-3 衬衫变化翻领规格尺寸

单位：cm

| 号型 | 胸围 | 翻领宽（b） | 领座宽（a） | 领深设计量 | 翻领角宽 |
|---|---|---|---|---|---|
| 165/84A | 90 | 4 | 3 | 5 | 8 |

## （三）衬衫变化翻领结构设计

### 1.衬衫变化翻领框架图设计

（1）根据款式图设计领深的大小（图3-2-29）。

（2）根据设计点和领角宽设计翻领造型结构（图3-2-30）。

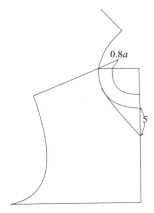

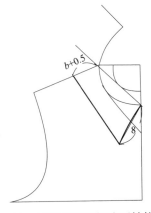

图3-2-29 衬衫变化翻领领深设计　　图3-2-30 衬衫变化翻领造型结构设计

（3）根据图示设计翻领外口弧线（图3-2-31）。

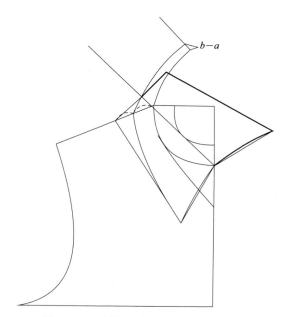

图3-2-31　衬衫变化翻领外口弧线设计

**2.衬衫变化翻领结构设计步骤**

（1）在平行线上取与前领口弧线等长的点（图3-2-32）。

（2）根据图示作翻领松度切线（图3-2-33）。

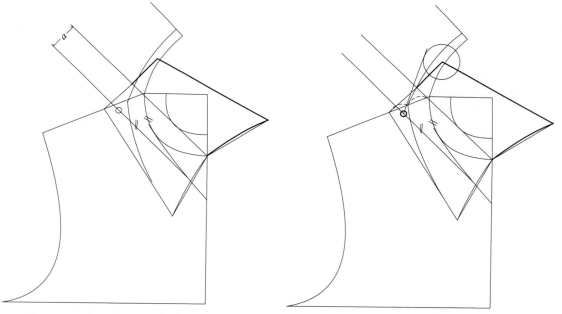

图3-2-32　衬衫变化翻领结构设计步骤一　　　图3-2-33　衬衫变化翻领结构设计步骤二

（3）作切线的后领弧长垂线，设计后领结构造型（图3-2-34）。

（4）在后领框架基础上，绘制衬衫变化翻领的结构设计（图3-2-35）。

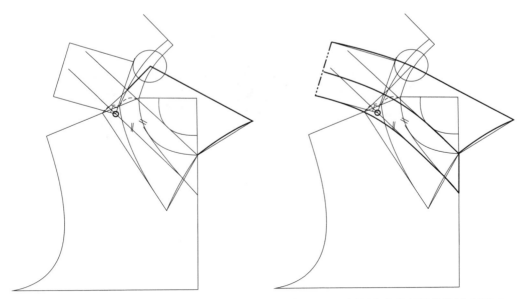

图3-2-34 衬衫变化翻领结构设计步骤三　　　图3-2-35 衬衫变化翻领结构设计步骤四

## （四）衬衫变化翻领试衣效果

### 1. 衬衫变化翻领样板放缝

绱领弧线与领口弧线缝份均为0.6cm，衣身底边缝份3cm，其余部位缝份均为1cm（图3-2-36）。

扫一扫可见衬衫
变化翻领纸样设计
视频

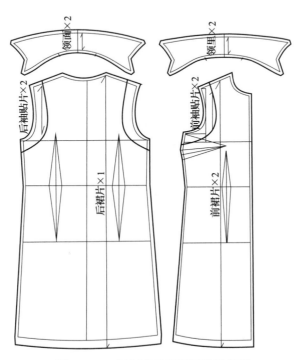

图3-2-36 衬衫变化翻领缝份示意图

**2.衬衫变化翻领3D试衣**

根据衬衫变化翻领样板进行工艺缝制试样，从三维角度观看成衣效果。正面翻领的绱领点在中心线处，侧面翻领外口服贴，背面翻领外口弧线流畅（图3-2-37）。

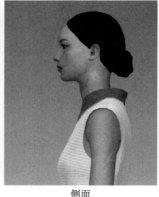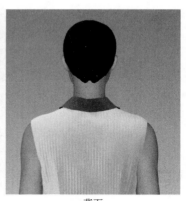

正面　　　　　　　　　　侧面　　　　　　　　　　背面

图3-2-37　衬衫变化翻领试衣效果

**（五）实践题**

根据165/84A号型规格尺寸，参考图3-2-38中的款式图设计衬衫变化翻领结构图。

图3-2-38　衬衫变化翻领实践款式图

# 第三节　驳领纸样设计

## 一、平驳领纸样设计

### （一）平驳领款式分析

**1.款式特点**

平驳领属于开门领，翻领与衣身相连接，翻领角与驳角呈现三角形状态。

**2.平驳领款式图（图3-3-1）**

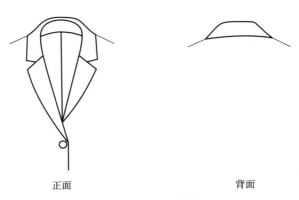

正面　　　　　　　　　　　　背面

图3-3-1　平驳领款式图

## （二）平驳领线条名称（图3-3-2）

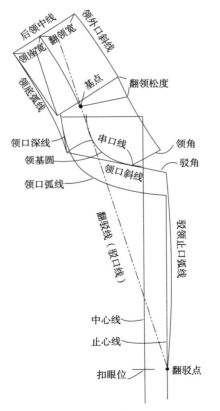

图3-3-2　平驳领线条名称

## （三）平驳领规格尺寸设计

在165/84A三开身变化型的基础上绘制平驳领结构。合并前衣身中心省，合并后衣身断腰位置，在止口处设置门襟（图3-3-3、表3-3-1）。

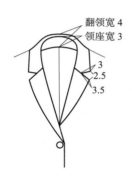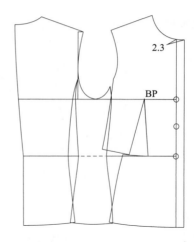

图3-3-3 平驳领规格设计

表3-3-1 平驳领规格设计

单位：cm

| 号型 | 胸围 | 胸省 | 门襟宽 | 领座宽（a） | 翻领宽（b） |
|---|---|---|---|---|---|
| 165/84A | 94 | 3 | 2.3 | 3 | 4 |

## （四）平驳领框架结构

（1）延颈肩点量取0.8a，绘制领基圆弧线，并确定第一粒扣位的位置（图3-3-4）。

（2）第一粒扣位对应的止口点称翻驳点，驳点与领基圆作切线，称为翻驳线（驳口线）（图3-3-5）。

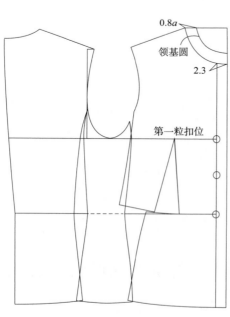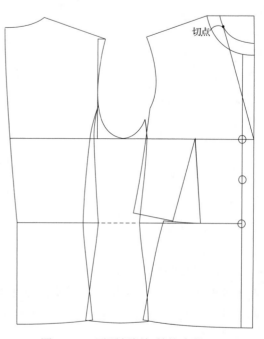

图3-3-4 平驳领框架结构步骤一　　　　图3-3-5 平驳领框架结构步骤二

（3）作翻驳线与肩斜线的交点，称为基点（图3-3-6）。

（4）沿肩斜线拼合前、后领口弧线，形成完整的领口（图3-3-7）。

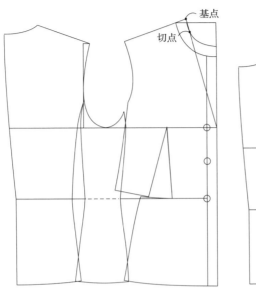

图3-3-6 平驳领框架结构步骤三　　图3-3-7 平驳领框架结构步骤四

**（五）平驳领结构设计（方法一）**

（1）沿基点量取 $b+0.5$ 作设计点，根据设计点参考款式图绘制平驳领结构造型。沿后领口中心线量取 $b-a$，连接设计点画翻领外口弧线的造型结构（图3-3-8）。

（2）沿翻驳线对称翻转驳领造型结构，在衣身处呈现驳领部分（图3-3-9）。

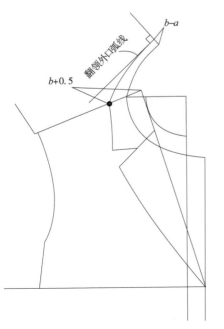
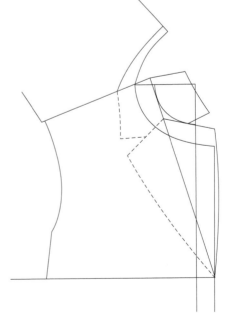

图3-3-8 平驳领结构设计（方法一）步骤一　　图3-3-9 平驳领结构设计（方法一）步骤二

（3）延长领口斜线与领口深线垂线相交，在此基础上沿领口弧线作切线交于领口深线，形成方形领口（图3-3-10）。

（4）翻领外口弧线 $n_2$ 与领口弧线 $n_1$ 的差，称为翻领松度。在设计点处作圆，半径为翻领松度（图3-3-11）。

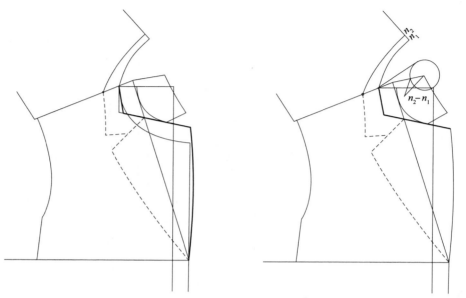

图3-3-10　平驳领结构设计（方法一）步骤三　图3-3-11　平驳领结构设计（方法一）步骤四

（5）在距基点0.8$a$处作翻驳线的平行线并与肩斜线相交，沿交点与翻领松度作切线，切线长度为7cm，即 $a+b$=7cm（图3-3-12）。

（6）作翻领松度切线的垂线，长度等于后领弧长（图3-3-13）。

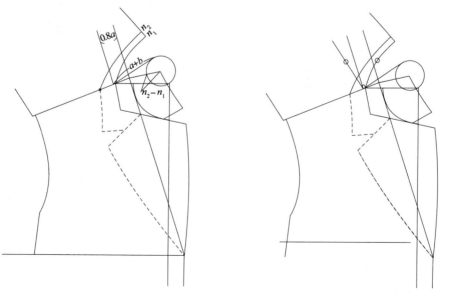

图3-3-12　平驳领结构设计（方法一）步骤五　图3-3-13　平驳领结构设计（方法一）步骤六

（7）作后领中心线与后领弧长垂直，长度等于$a+b$；作领外口斜线与后领中心线垂直，后领部分呈长方形（图3-3-14）。

（8）沿后领中心取距离$a$作弧线与翻驳线相交，称领翻折线。将领外口弧线与后领弧线画顺（图3-3-15）。

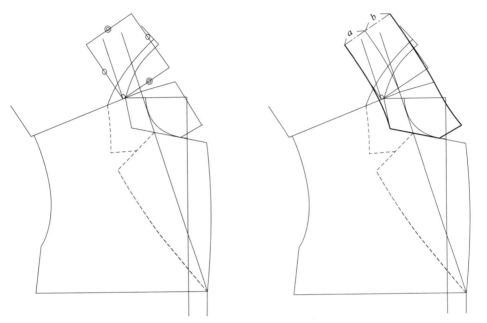

图3-3-14　平驳领结构设计（方法一）步骤七　　图3-3-15　平驳领结构设计（方法一）步骤八

**（六）平驳领结构设计（方法二）**

（1）在平驳领口基础上，连接平行线与领口点，并沿翻驳线作对称点（图3-3-16）。

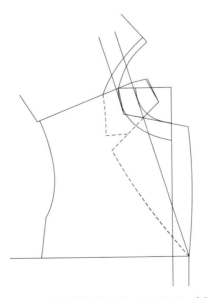

图3-3-16　平驳领结构设计（方法二）步骤一

（2）以设计点为圆心，翻领松度作半径，绘制翻领松度圆。通过领口对称点，作翻领松度圆的切线（图3-3-17）。

（3）在切线基础上作后领弧长、后领中心线垂线，然后勾勒前后领口弧线（图3-3-18）。

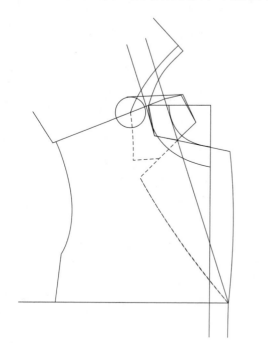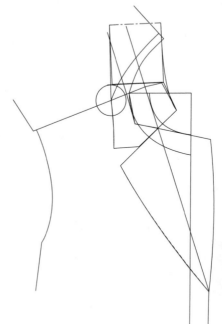

扫一扫可见平驳领
纸样设计视频

图3-3-17 平驳领结构设计（方法二）步骤二　图3-3-18 平驳领结构设计（方法二）步骤三

### （七）平驳领试衣效果

#### 1.平驳领翻领部分样板制作

（1）在平驳领结构图中，提取领里样板（图3-3-19）。

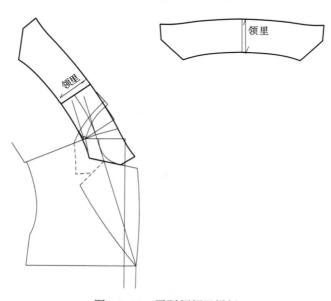

图3-3-19 平驳领领里样板

（2）在领里样板基础上，调整领面样板。如图3-3-20所示，沿领座展开0.2~0.3cm，作为翻领翻折松度。如图3-3-21所示，将翻领部分展开0.4~0.6cm，参考面料厚度。如图3-3-22所示，勾勒领面样板轮廓。

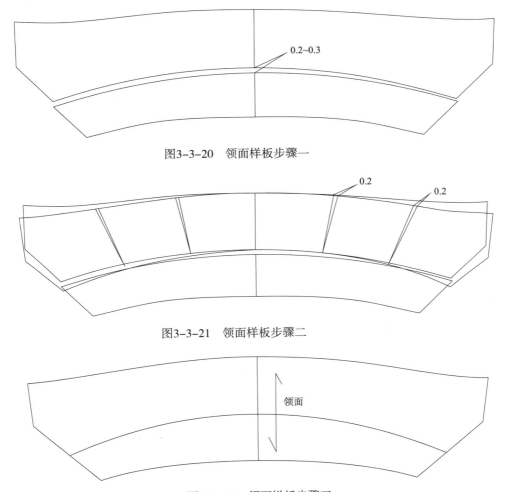

0.2~0.3

图3-3-20　领面样板步骤一

0.2　　0.2

图3-3-21　领面样板步骤二

领面

图3-3-22　领面样板步骤三

**2.平驳领驳头部分样板制作**

驳头处沿驳口线向外平移0.5cm，作为挂面驳头部分的翻折量。参考图3-3-23在衣身结构上绘制挂面和后领贴。

**3.平驳领样板放缝**

绱领弧线与领口弧线缝份都是0.6cm，衣身底边缝份3cm，其余缝份均为1cm（图3-3-24）。

**4.平驳领3D试衣**

根据平驳领样板进行工艺缝制试样，从三维角度观看平驳领效果。正面驳领与驳头部分相连，侧面驳领服贴，背面驳领贴合（图3-3-25）。

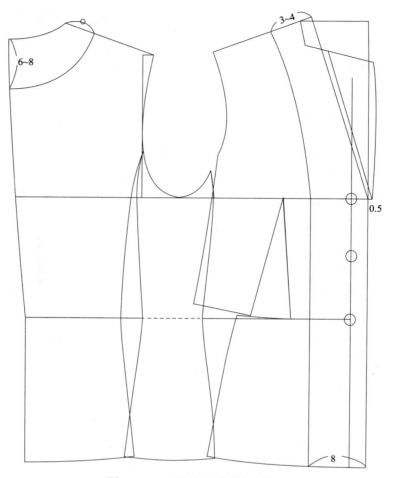

图3-3-23　平驳领驳头样板制作

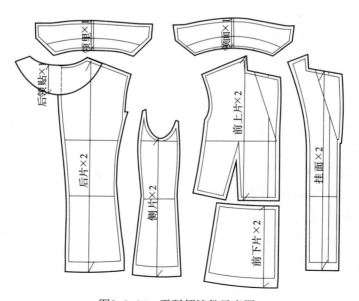

图3-3-24　平驳领缝份示意图

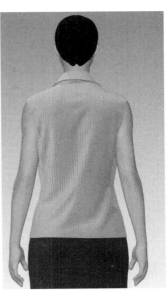

正面　　　　　　　　　　　侧面　　　　　　　　　　　背面

图3-3-25　平驳领试衣效果

## （八）实践题

按照图3-3-26中的款式图设计规格，绘制平驳领结构。

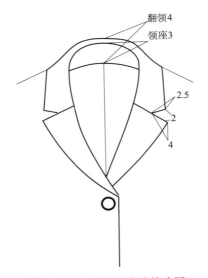

图3-3-26　平驳领实践款式图

# 二、青果领纸样设计

## （一）青果领款式分析

### 1.款式特点

青果领属于开门领，领子没有串口线，领面的后领中心有拼缝。

**2. 青果领款式图（图3-3-27）**

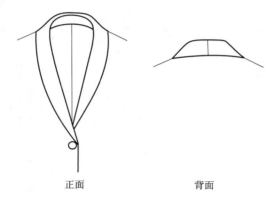

正面                     背面

图3-3-27  青果领款式图

### （二）青果领规格尺寸设计

在165/84A号型四开身变化型基础上绘制青果领结构。将下摆处设置为圆下摆造型，与青果领造型相呼应，止口处设置门襟（表3-3-2、图3-3-28）。

**表3-3-2  青果领规格设计**

单位：cm

| 号型 | 胸围 | 胸省 | 门襟宽 | 领座宽（a） | 翻领宽（b） |
|---|---|---|---|---|---|
| 165/84A | 94 | 3 | 2.3 | 3 | 4 |

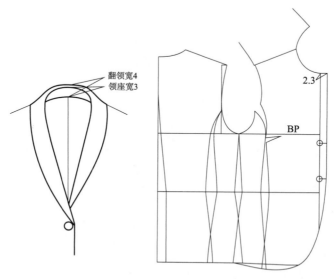

图3-3-28  青果领规格设计

### （三）青果领结构设计

（1）在四开身变化结构上，合并前后肩斜线，形成完整的前后领口弧线，确定门襟宽2.3cm（图3-3-29）。

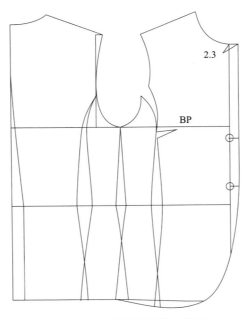

图3-3-29　青果领结构设计步骤一

（2）作翻驳线，连接第一扣位与领基圆作切线。延长肩斜线与翻驳线相交，确定基点（图3-3-30）。

（3）根据款式图设计青果领的造型结构（图3-3-31）。

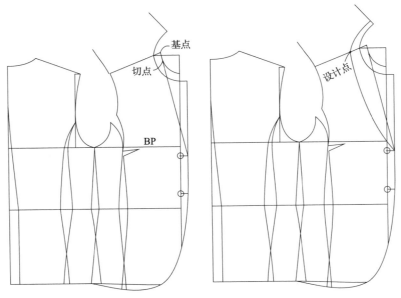

图3-3-30　青果领结构设计步骤二　　　图3-3-31　青果领结构设计步骤三

（4）沿翻驳线对称翻转驳领造型结构，作驳领的对称点（图3-3-32）。

（5）在对称点处绘制翻领松度，在距驳口线作0.8a处作驳口线的平行线，并与肩斜线相交（图3-3-33）。

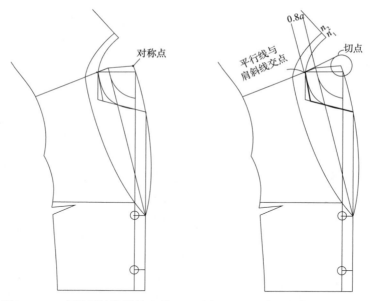

图3-3-32　青果领结构设计步骤四　　图3-3-33　青果领结构设计步骤五

（6）作后领结构部分的辅助线，取后领口弧线长"○"与翻领宽相垂直（图3-3-34）。

（7）根据驳领辅助线绘制前后领外口弧线（图3-3-35）。

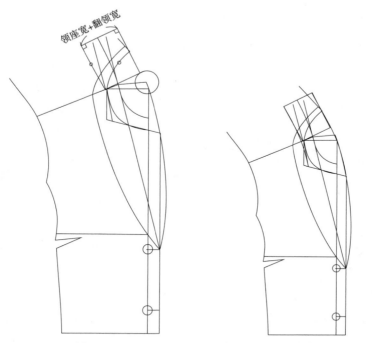

图3-3-34　青果领结构设计步骤六　　图3-3-35　青果领结构设计步骤七

**（四）青果领试衣效果**

**1.青果领样板制作（图3-3-36）**

（1）制作后领贴，将A部分拼接到B部分处，形成后领贴。

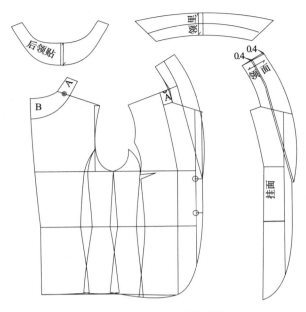

图3-3-36　青果领样板制作

（2）制作领里，在结构图中，沿领口线选取青果领的领里结构部分。

（3）制作挂面与领面，在领翻折线与翻驳线位置处平移0.4cm（由面料厚度决定）作为驳领翻折量，根据面料厚度调整翻折量。在后领中心处延长领外口线0.4cm，翻领与挂面形成青果领的整体领面结构。

**2. 青果领样板放缝**

绱领弧线与领口弧线缝份均为0.6cm，衣身底边缝份3cm，其余缝份均为1cm（图3-3-37）。

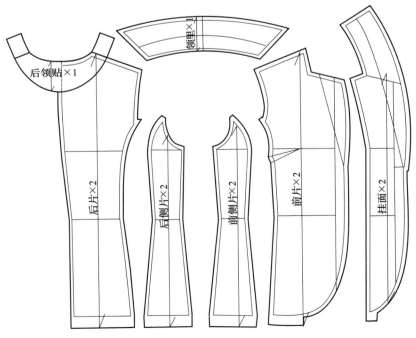

图3-3-37　青果领缝份示意图

### 3.青果领3D试衣

根据青果领样板进行工艺缝制试样，从三维角度观看成衣效果。正面驳头无缺口，侧面驳领与衣身贴合，后面翻领服贴（图3-3-38）。

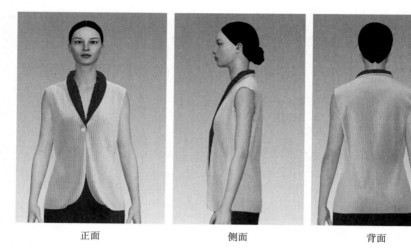

正面　　　　　　　　　侧面　　　　　　　　　背面

图3-3-38　青果领试衣效果

### （五）实践题

按照图3-3-39中的款式图设计规格，绘制青果领的结构设计。

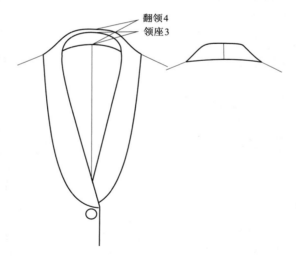

图3-3-39　青果领实践款式图

## 三、戗驳领纸样设计

### （一）戗驳领款式分析

### 1.款式特点

戗驳领属于开门领，翻领与驳领在串口线位置相连接，驳头的领角向上。

**2.戗驳领款式图（图3-3-40）**

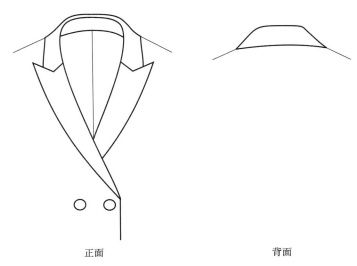

正面　　　　　　　　　　　　　　背面

图3-3-40　戗驳领款式图

## （二）戗驳领规格尺寸设计

在165/84A四开身变化型领口的基础上绘制戗驳领结构。将止口设置为双门襟，直下摆结构与戗驳领结构相呼应（图3-3-41、表3-3-3）。

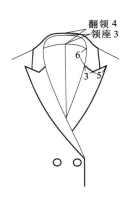
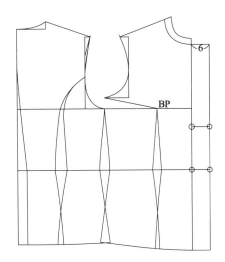

图3-3-41　戗驳领规格设计

**表3-3-3　戗驳领规格设计**

单位：cm

| 号型 | 胸围 | 胸省 | 门襟宽 | 领座宽（a） | 翻领宽（b） |
|---|---|---|---|---|---|
| 165/84A | 94 | 3 | 6 | 3 | 4 |

**（三）戗驳领结构设计**

（1）根据款式设计，在翻驳线基础上设计戗驳领造型（图3-3-42）。

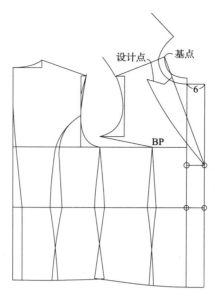

图3-3-42　戗驳领结构设计步骤一

（2）沿驳口线翻转驳头的造型，延长串口线绘制戗驳领的方领口（图3-3-43）。

（3）绘制翻领松度，作翻驳线平行线（图3-3-44）。

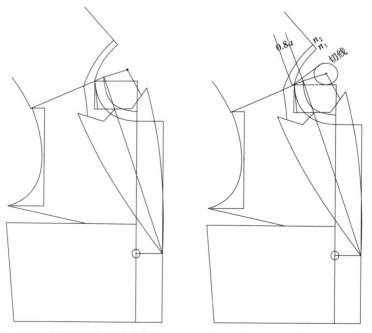

图3-3-43　戗驳领结构设计步骤二　　图3-3-44　戗驳领结构设计步骤三

（4）在切线基础上绘制后领造型辅助线（图3-3-45）。

（5）在后领辅助线基础上，绘制完成戗驳领的结构设计（图3-3-46）。

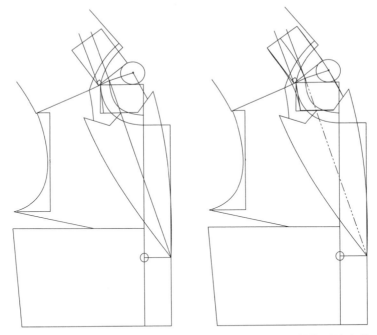

图3-3-45　戗驳领结构设计步骤四　　图3-3-46　戗驳领结构设计步骤五

（6）隐形领座的戗驳领结构设计（图3-3-47）。在领座3cm处设置隐形领座2cm的结构设计，绘制隐形领座的结构设计。

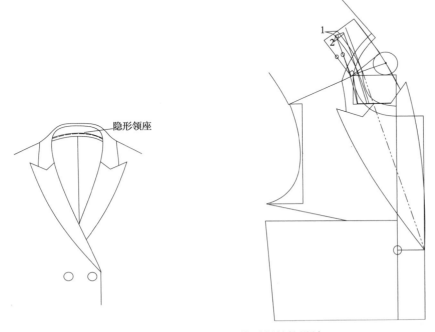

隐形领座

扫一扫可见戗驳领
纸样设计视频

图3-3-47　隐形领座的戗驳领结构设计

## （四）戗驳领试衣效果

### 1. 戗驳领样板制作（图3-3-48）

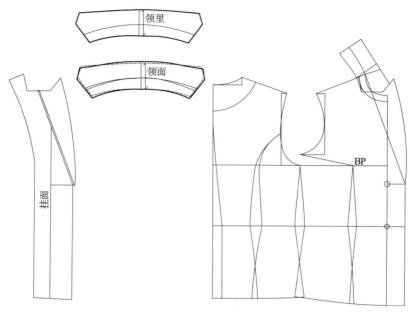

图3-3-48　戗驳领样板制作示意图

### 2. 隐形领座的戗驳领样板制作（图3-3-49）

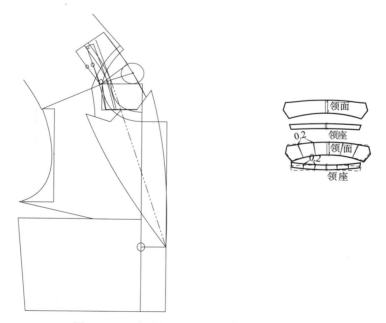

图3-3-49　隐形领座的戗驳领样板制作示意图

### 3. 戗驳领样板放缝

绱领弧线与领口弧线缝份均为0.6cm，衣身底边缝份为3cm，其余部位缝份均为1cm

（图3-3-50）。

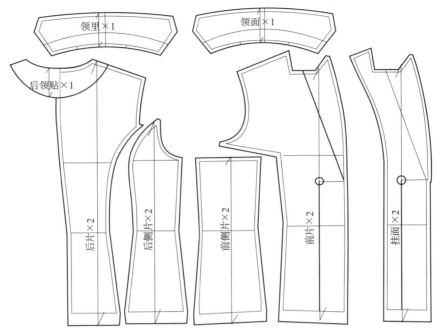

图3-3-50　戗驳领样板缝份示意图

### 4.戗驳领3D试衣

根据戗驳领样板进行工艺缝制试样，从三维角度观看成衣效果。正面戗驳领双排扣设计、领角向上，侧面驳领贴合衣身，背面后领服贴（图3-3-51）。

正面

侧面

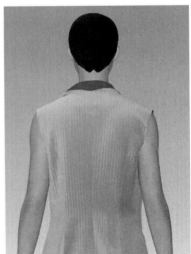

背面

图3-3-51　戗驳领试衣效果

**（五）实践题**

按照图3-3-52中的款式图设计规格，绘制戗驳领的结构设计图。

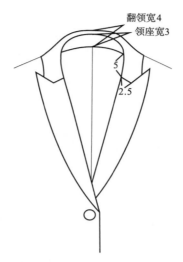

图3-3-52　戗驳领实践款式图

# 第四节　翻领与翻立领纸样设计

## 一、翻领纸样设计

### （一）翻领款式分析

**1.款式特点**

翻领属于关门领，常用于外套类服装。翻领结构设计含隐形领座，绱领点在衣身中心点处，领角呈方形。

**2.翻领款式图（图3-4-1）**

图3-4-1　翻领款式图

## （二）翻领规格设计和尺寸

翻领规格设计和尺寸，如图3-4-2、表3-4-1所示。

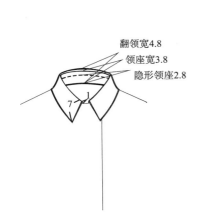

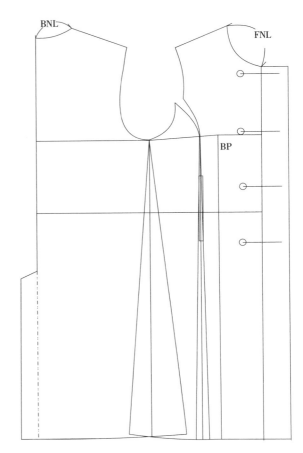

图3-4-2　翻领规格设计

### 表3-4-1　翻领规格尺寸

单位：cm

| 号型 | 胸围 | 翻领宽（b） | 领座宽（a） | 门襟宽 | 翻领角宽 |
|---|---|---|---|---|---|
| 165/84A | 100 | 4.8 | 3.8 | 6 | 7 |

## （三）翻领结构图设计

### 1. 翻领造型设计

（1）参考翻领规格设计，在领口设计造型线（图3-4-3）。

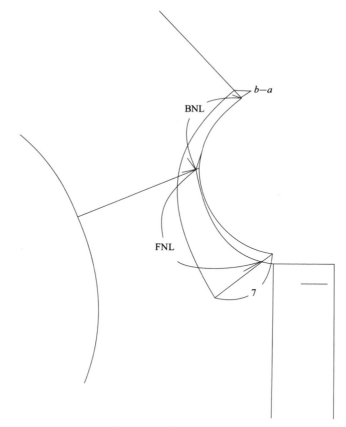

图3-4-3　翻领造型设计

（2）在设计的领口造型线基础上绘制翻领框架结构（图3-4-4）。

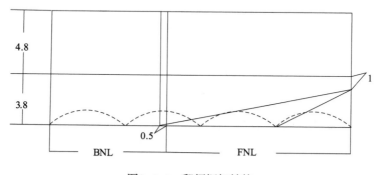

图3-4-4　翻领框架结构

**2.翻领结构设计**

（1）在翻领框架结构基础上，将抬高量转移到领外口线上，作出翻领松度（图3-4-5）。

（2）根据翻领规格，进行翻领结构设计。在翻领基础上，进行隐形领角的结构设计
（图3-4-6）。

（3）在隐形领座基础上，设计后翻领的结构造型（图3-4-7）。

（4）在翻领造型的基础上，完成翻领与隐形领座的结构设计轮廓线（图3-4-8）。

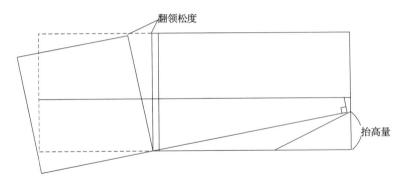

图3-4-5　翻领松度设计

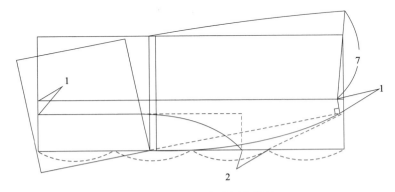

图3-4-6　翻领隐形领角设计

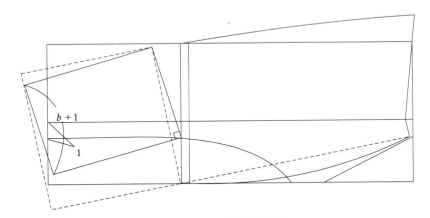

图3-4-7　后翻领结构设计

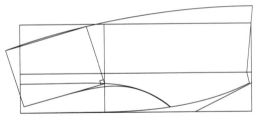

图3-4-8　翻领结构设计

扫一扫可见翻领
纸样设计视频

## （四）翻领试衣效果

### 1.翻领样板制作（图3-4-9）

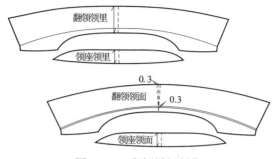

图3-4-9　翻领样板制作

### 2.翻领样板放缝

领座与翻领相拼接处缝份0.5~0.6cm，领底绱领弧线与领口弧线缝份均为0.6cm，衣身底边缝份3cm，其余部位缝份均为1cm（图3-4-10）。

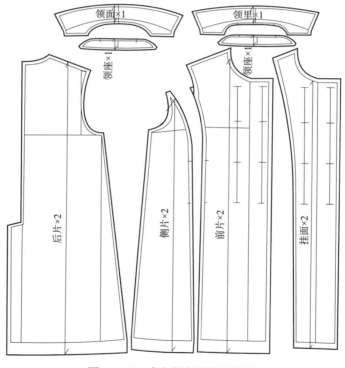

图3-4-10　翻领样板缝份示意图

### 3.翻领3D试衣

根据翻领样板进行工艺缝制试样，从三维角度观看成衣效果。正面翻领的绱领点在中心线处，侧面翻领外口服贴，背面领外口弧线流畅（图3-4-11）。

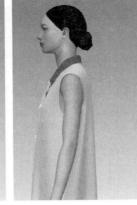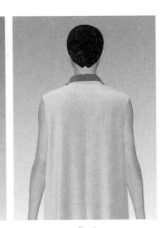

正面　　　　　　　　　　侧面　　　　　　　　　　背面

图3-4-11　翻领试衣效果

**（五）实践题**

根据165/84A号型规格尺寸，参考图3-4-12中的款式图设计翻领结构。

## 二、翻立领纸样设计

**（一）翻立领款式分析**

**1.款式特点**

翻立领是翻领与立领相结合的款式，属于风衣常用领型。

**2.翻立领款式图（图3-4-13）**

图3-4-12　翻领实践款式图

图3-4-13　翻立领款式图

**（二）翻立领规格设计和尺寸**

翻立领规格设计和尺寸，如图3-4-14、表3-4-2所示。

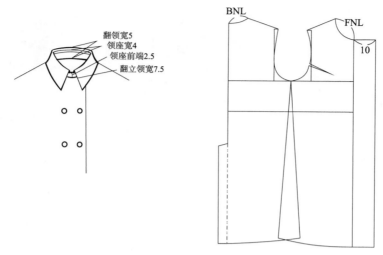

图3-4-14　翻立领规格设计

### 表3-4-2　翻立领规格尺寸

单位：cm

| 号型 | 胸围 | 翻领宽（b） | 领座宽（a） | 门襟宽 | 翻立领角宽 | 翻领松度 |
|---|---|---|---|---|---|---|
| 165/84A | 110 | 5 | 4 | 10 | 7.5 | 2.5 |

## （三）翻立领结构设计

### 1.翻立领造型设计

（1）参考翻立领规格设计在领口上设计造型线，翻领松度等于◎—○（图3-4-15）。

（2）在设计的领口造型线基础上绘制翻立领结构线（图3-4-16）。

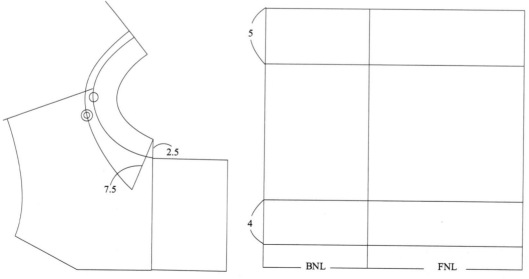

图3-4-15　翻立领造型设计　　　　　　图3-4-16　翻立领框架结构

## 2.翻立领结构设计步骤

（1）在翻领处作翻领松度，在领座处绘制立领（图3-4-17）。

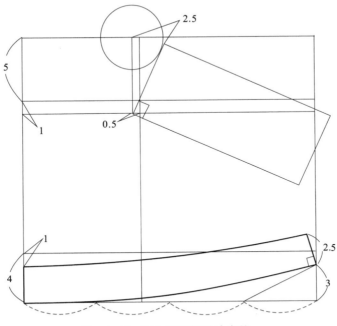

图3-4-17 翻立领结构设计步骤一

（2）绘制翻领与立领时，注意保持翻领下口弧线与立领上口弧线长度一致（图3-4-18）。

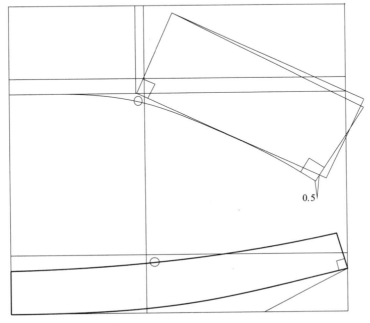

图3-4-18 翻立领结构设计步骤二

（3）根据规格尺寸绘制翻领角7.5cm，连接后领中点绘制翻领外轮廓线（图3-4-19）。

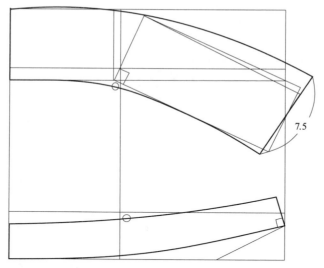

图3-4-19　翻立领结构设计步骤三

## （四）翻立领试衣效果

### 1.翻立领样板放缝

领座绱领弧线与领口弧线缝份均为0.6cm，衣身底边缝份3cm，其余部位缝份均为1cm（图3-4-20）。

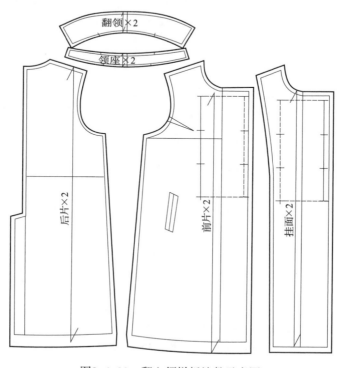

图3-4-20　翻立领样板缝份示意图

### 2. 翻立领 3D 试衣

根据翻立领样板进行工艺缝制试样，从三维角度观看成衣效果。正面翻立领的绱领点在中心线处，侧面翻领外口服贴，背面领外口弧线流畅（图3-4-21）。

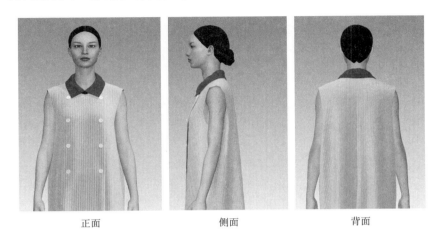

正面　　　　　　　　　　侧面　　　　　　　　　　背面

图3-4-21　翻立领试衣效果

### （五）实践题

根据165/84A号型规格尺寸，参考图3-4-22中的款式图绘制翻立领结构图。

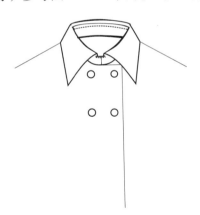

图3-4-22　翻立领实践款式图

# 第四章

# 女上装纸样设计

**课题名称：** 女上装纸样设计

**课题内容：** 1.紧身女上装纸样设计

2.合体女上装纸样设计

3.宽松女上装纸样设计

**课题时间：** 20课时

**教学目的：** 掌握不同宽松度的女上装纸样设计的相关知识

**教学方式：** 理论讲授与实践操作

**教学要求：** 1.掌握三开身、四开身西服的结构设计方法

2.掌握紧身连衣裙的结构设计方法

3.掌握风衣、大衣的结构设计方法

**课前（后）准备：** 相关教案、PPT、视频等

# 第一节 紧身女上装纸样设计

## 一、紧身三开身女外套纸样设计

### （一）紧身三开身女外套款式分析

#### 1.款式特点

衣身侧缝处没有分割线，前后腋下设有分割线，属于三开身结构。弧形驳领，在后领中线处有拼缝，合体两片袖型，袖口处有开衩。门襟设有两粒扣，前后身设有断腰分割，前片有领口及腰省，设有弧线分割，后中缝有分割，内设里布及薄垫肩。

#### 2.紧身三开身女外套款式图（图4-1-1）

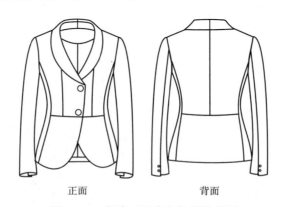

正面　　　　　　　　背面

图4-1-1　紧身三开身女外套款式图

#### 3.紧身三开身女外套规格尺寸（表4-1-1）

表4-1-1　紧身三开身女外套规格设计

单位：cm

| 长度尺寸 | | 围度尺寸 | |
|---|---|---|---|
| 胸省量（$X$） | 3 | 胸围（$B$） | 84（型）+8（放松量）=92 |
| 后领深 | 2.1 | 后领宽 | $\dfrac{B}{20}$ +3=7.6 |
| 背长 | 38 | 前领宽 | 后领宽 − 0.5=7.1 |
| | | 前领深 | 前领深 = 前领宽 |
| 后衣身长 | 58 | 胸围 | $\dfrac{B}{4}$ =23 |
| 袖窿深 | $\dfrac{B}{4}$ − 1.5=21.5 | 后背宽 | $\dfrac{1.5B}{10}$ +3.5=17.3 |
| 前片上抬量 | 0.5 | 冲肩量 | 1.5 |
| 前片下降量 | 0.5 | 后胸宽−前胸宽 | 1.2~1.4（中间值1.3） |

续表

| 长度尺寸 | | 围度尺寸 | |
|---|---|---|---|
| 落肩量 | 后落肩15：5.1<br>前落肩15：5.9<br>（垫肩厚度0.8） | 后小肩—前小肩 | 0.5（面料厚薄） |
| BP点至侧颈点的垂直距离 | $\dfrac{号+型}{10}=25$ | BP点距前中心线距离 | $\dfrac{B}{10}-0.5=8.7$ |
| 袖长 | 60 | 袖肥 | 32 |
| 袖肘长 | 30 | 袖口围 | 24 |
| 袖山高 | 15 | 翻领宽 | 5.5 |
| 领座高 | 3 | 门襟宽 | 5 |

**（二）紧身三开身女外套结构设计**

（1）在三开身基础型结构的基础上进行紧身三开身女外套结构设计。根据款式图，确定前片、侧片、后片结构中的分割线位置。根据款式图设计门襟宽5cm，后腰节处提高1cm顺至前中心线，前下摆降低5cm，设计领口省等（图4-1-2）。

（2）根据领口弧线绘制弧形领口线及领口翻折线，将胸省量平均分配到领口省及腰省，参考人体体型腰省分配量设计前腰省量2cm、后腰省量3.5cm，形成三开身侧片结构（图4-1-3）。

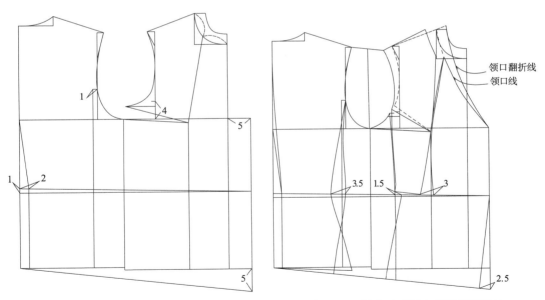

图4-1-2 紧身三开身女外套框架设计　　　　图4-1-3 紧身三开身女外套省道设计

（3）参考款式图进行前衣片圆下摆设计，后片采用断腰结构，注意腰围线与底边线的设计，形成对称连片式结构（图4-1-4）。

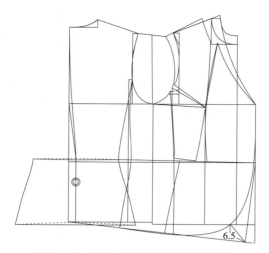

图4-1-4　紧身三开身女外套下摆设计

（4）根据弧形领口线绘制弧形领结构，依据后领造型翻折线确定翻领松度。参考款式图绘制弧形领结构（图4-1-5）。

（5）根据袖窿尺寸设计两片袖的袖山尺寸和袖肥尺寸，绘制合体两片袖结构（图4-1-6）。

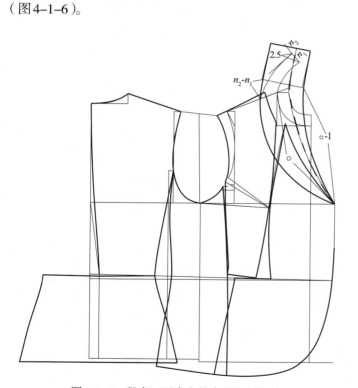

图4-1-5　紧身三开身女外套弧形领设计

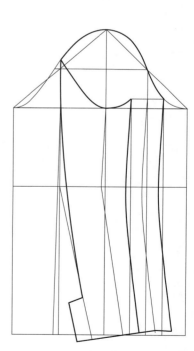

图4-1-6　紧身三开身女外套两片袖结构

### （三）紧身三开身女外套试衣效果

#### 1.紧身三开身女外套样板放缝

前中心线因中心省断开，后中心线因收省而断开。底边缝份3~3.5cm，领口缝份0.6cm，袖窿缝份0.8cm，其余部位缝份均为1cm（图4-1-7）。

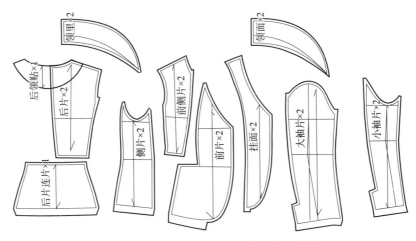

图4-1-7　紧身三开身女外套缝份示意图

### 2. 紧身三开身女外套里料样板放缝

在三开身女外套面料样板缝份的基础上，进行里料裁配，里料的底边缝份小于面料底边缝份的一半，袖窿与袖口都要抬高1.5~2cm，后中心线因收省而断开。底边缝份3~3.5cm，领口缝份0.6cm，袖窿缝份0.8cm，其余部位缝份均为1cm（图4-1-8）。

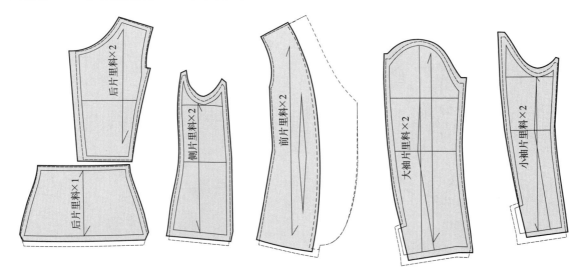

图4-1-8　紧身三开身女外套里料放缝示意图

### 3. 紧身三开身女外套3D试衣

根据紧身三开身女外套样板进行工艺缝制试样，从三维角度观看成衣效果。前身是断腰分割线效果，侧身没有侧缝线、无断腰，后身有断腰分割线，合体度较高（图4-1-9）。

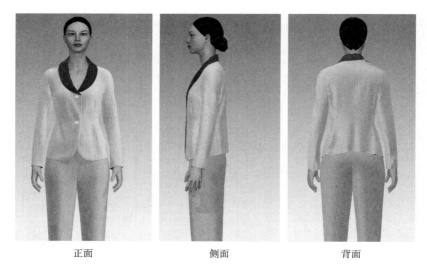

正面 　　　　　　　　　　　　　　侧面 　　　　　　　　　　　　　　背面

图4-1-9　紧身三开身女外套试衣效果

**（四）实践题**

根据穿着者设计规格尺寸，参照图4-1-10中的款式图绘制完成三开身衣身结构。

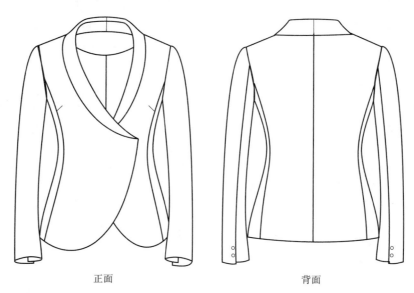

正面 　　　　　　　　　　　　　　　　　　背面

图4-1-10　三开身女外套实践款式图

# 二、紧身连衣裙纸样设计

## （一）紧身连衣裙款式分析

### 1.款式特点

该款式属于断腰式连衣裙，前身有变化褶裥，后身收腰省、绱隐形拉链。

**2.紧身连衣裙款式图（图4-1-11、表4-1-2）**

正面　　　　　　　　　　背面

图4-1-11　紧身连衣裙款式图

### 表4-1-2　165/84A连衣裙衣身基本规格尺寸

单位：cm

| 长度尺寸 | | 围度尺寸 | |
|---|---|---|---|
| 胸省量（X） | 3 | 胸围（B） | 90 |
| 后领深 | 2 | 后领宽 | $\frac{B}{20}+3$ |
| 背长 | 37 | 前领宽 | 后领宽—0.5 |
| | | 前领深 | 前领深＝前领宽 |
| 臀长（HL） | 20 | 后背宽 | $\frac{1.5B}{10}+3.5$ |
| 臀围线至裙底边距离 | 35 | 冲肩量 | 1.5 |
| 袖窿深 | $\frac{B}{4}-1.5$ | 胸围 | $\frac{B}{4}\pm1$ |
| 前片上抬量 | 0.5 | 腰围（W） | 72 |
| 前片下降量 | 0.5 | 后胸宽—前胸宽 | 1.2~1.4 |
| 落肩量 | 后落肩15：5.5<br>前落肩15：6.3 | 后小肩—前小肩 | 0.5 |
| BP点至侧颈点垂直距离 | $\frac{号+型}{10}$ | BP点至前中心线距离 | $\frac{B}{10}-0.5$ |

### （二）紧身连衣裙结构设计

（1）根据基本尺寸规格绘制连衣裙基本型，将胸省转移至腋下省。按胸腰差合理分配腰省量（图4-1-12）。

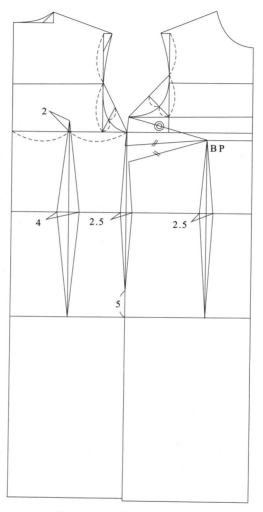

图4-1-12　连衣裙基本框架

（2）在框架图的基础上，根据款式设计连衣裙基本型无领的造型。设计无领结构时，后领口宽与后领口深的变化成反比，所以后领口宽大于后领口深。设计无袖结构时，袖窿深与袖窿宽的变化成反比，袖窿加宽，胸围线上提2cm（图4-1-13）。

（3）在连衣裙基本型的基础上绘制紧身连衣裙结构，在基本型腰围线处断开处理，将胸省转移到腰省（图4-1-14）。

（4）根据款式图在前裙片基本型的基础上设计褶裥的位置。褶裥的起点与止点在设计时，与省道建立联系，根据褶裥数量及位置，分配省量的大小（图4-1-15）。

（5）将不对称前衣片的省，按顺序转移到不同的褶裥处（图4-1-16）。

（6）将对称前衣片的腰省量都转移到腋下省，完成对称前衣片（图4-1-17）。

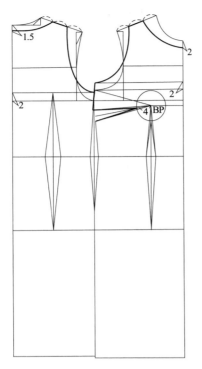

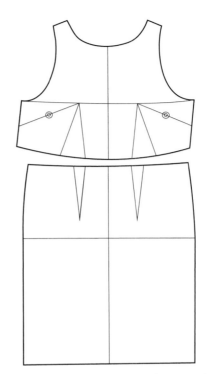

图4-1-13　连衣裙基本型结构设计　图4-1-14　紧身连衣裙前衣身结构设计

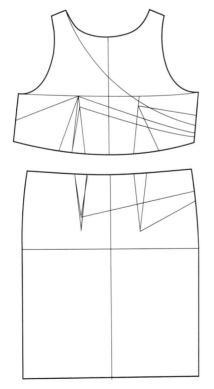

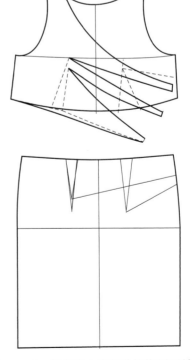

图4-1-15　设计紧身连衣裙前衣身褶裥位置　图4-1-16　前衣身上半部分褶裥展开效果

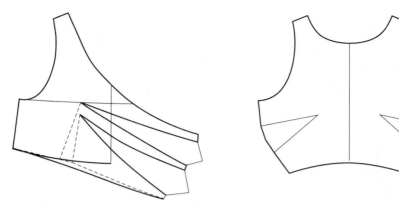

图4-1-17　前衣身上半部分两个结构造型

（7）将半身裙的腰省量转移到褶裥处，完成半身裙结构设计（图4-1-18）。

（8）将后裙片在腰围处断开，下摆处略收摆量，后中断缝绱隐形拉链（图4-1-19）。

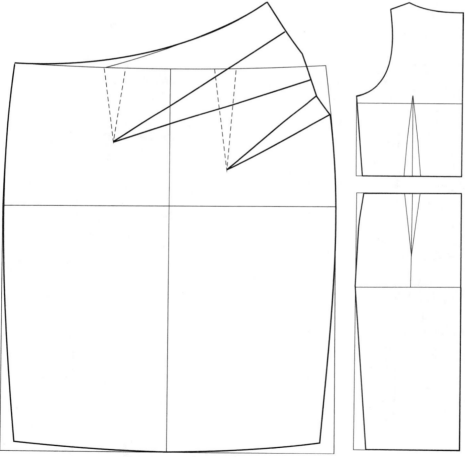

扫一扫可见紧身
连衣裙纸样设计
视频

图4-1-18　紧身连衣裙下半身结构设计　　　图4-1-19　紧身连衣裙<br>衣身后身结构设计

## （三）紧身连衣裙试衣效果

### 1.紧身连衣裙样板制作

在连衣裙紧身结构图基础上制作样板，前上片、前下裙片对裁，底边缝份3~3.5cm，领口缝份0.6cm，袖窿缝份0.8cm，其余部位缝份均为1cm（图4-1-20）。

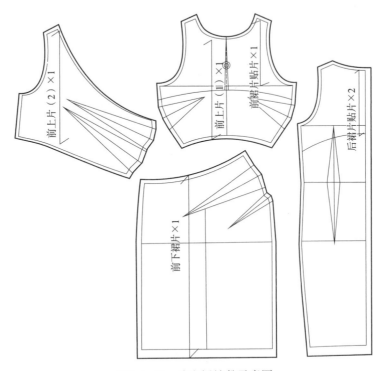

图4-1-20　连衣裙缝份示意图

### 2.紧身连衣裙3D试衣

根据紧身连衣裙衣身样板进行工艺缝制试样，从三维角度观看成衣效果。正面为断腰式造型，上衣身分两层，呈现不对称褶裥；裙身亦设计不对称褶裥，侧面裙子呈现人体曲率造型，背面断腰处收腰省（图4-1-21）。

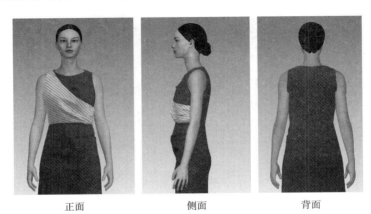

正面　　　　　　　　　侧面　　　　　　　　　背面

图4-1-21　紧身连衣裙试衣效果

**（四）实践题**

参照图4-1-22中的款式图，根据穿着者体型设计规格尺寸，完成连衣裙结构设计。

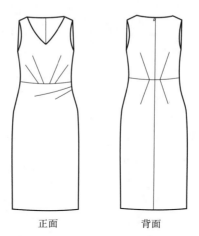

正面　　　　　　背面

图4-1-22　连衣裙实践款式图

# 第二节　合体女上装纸样设计

## 一、合体四开身女外套纸样设计

### （一）合体四开身女外套款式分析

#### 1.款式特点

衣身有侧缝线，属于四开身结构。前片设有弧线分割及胸省，后片设有弧线分割及后中缝线。衣领属于戗驳领双排扣结构；绱两片袖，袖口处设有开衩，前身挖袋有袋盖，后中设有开衩。

#### 2.合体四开身女外套款式图（图4-2-1）

正面　　　　　　背面

图4-2-1　合体四开身女外套款式图

### 3.合体四开身女外套规格尺寸（表4-2-1）

**表4-2-1　合体四开身女外套规格设计**

单位：cm

| 长度尺寸 | | 围度尺寸 | |
|---|---|---|---|
| 胸省量（$X$） | 3 | 胸围（$B$） | 84（型）+10（放松量）=94 |
| 后领深 | 2.1 | 后领宽 | $\dfrac{B}{20}+3=7.7$ |
| 背长 | 39 | 前领宽（深） | 后领宽 $-0.5=7.2$ |
| 后衣身长 | 68 | 胸围 | $\dfrac{B}{4}=23.5$ |
| 袖窿深 | $\dfrac{B}{4}-1.5=22$ | 后背宽 | $\dfrac{1.5B}{10}+3.5=17.6$ |
| 前片上抬量 | 0.5 | 冲肩量 | 1.5 |
| 前片下降量 | 0.5 | 后胸宽 $-$ 前胸宽 | 1.2~1.4（中间值1.3） |
| 落肩量 | 后落肩15：5.0<br>前落肩15：5.8<br>（垫肩厚度1） | 后小肩 $-$ 前小肩 | 0.5（面料厚薄） |
| BP点至侧颈点距离 | $\dfrac{号+型}{10}=25$ | BP点至前中心线的水平距离 | $\dfrac{B}{10}-0.5=8.9$ |
| 袖长 | 57 | 袖肥 | 33 |
| 袖肘长 | 30 | 袖口围 | 12 |
| 袖山高 | 15 | 翻领宽 | 5 |
| 领座高 | 3.5 | 门襟宽 | 6 |

### （二）合体四开身女外套结构设计

（1）在四开身基本型结构的基础上，进行合体四开身女外套结构设计。参考规格尺寸表4-2-1，绘制合体四开身基本型结构，将胸省转移至肩省（图4-2-2）。

（2）在基本型基础上，将前、后胸围线三等分，将前、后腰省移至靠近侧缝处的三分之一点，进行四开身女外套框架设计（图4-2-3）。

（3）肩斜处根据正常肩斜线的位置，适当抬高，抬高量为垫肩的厚度。前片确定胸省的位置，绘制戗驳领造型设计与后片开衩（图4-2-4）。

（4）根据戗驳领造型，在领口的基础上绘制有领座的翻领，根据款式设计前衣片的有带盖挖袋（图4-2-5）。

（5）根据四开身女外套袖窿的规格尺寸，绘制有前、后偏借量的两片袖，根据款式在袖口处绘制袖衩（图4-2-6）。

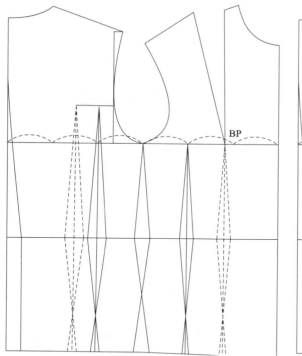

图4-2-2　合体四开身基本型结构

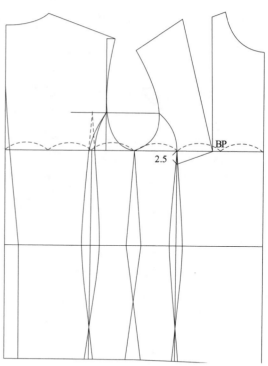

图4-2-3　合体四开身女外套框架设计

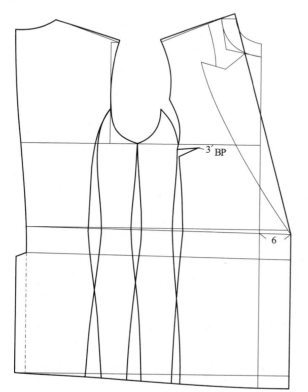

图4-2-4　合体四开身女外套衣身结构设计

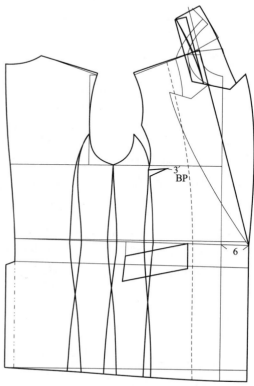

图4-2-5　合体四开身女外套戗驳领结构设计

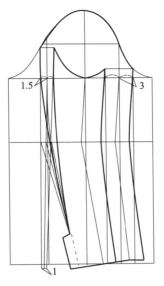

图4-2-6　合体四开身女外套袖子结构设计

### （三）合体四开身女外套结构分析

　　四开身衣身的款式不同，腰省量在分配时，前后差略有不同。在进行腰省设置时，前身腰省量变化不大，后腰省量的大小才是服装贴体度的关键（图4-2-7~图4-2-11）。

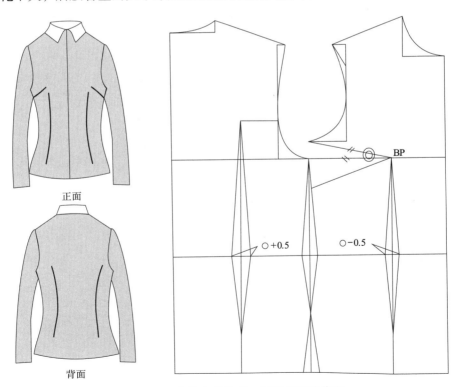

图4-2-7　变化衣身款式一与腰省量的分配

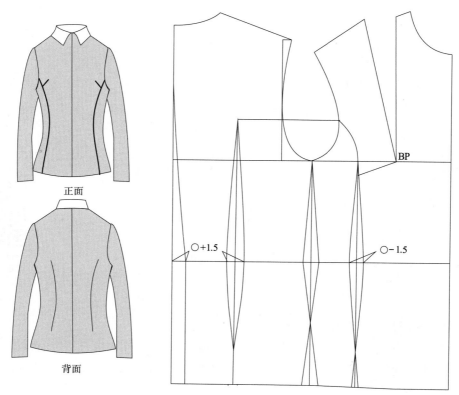

图4-2-8 变化衣身款式二与腰省量的分配

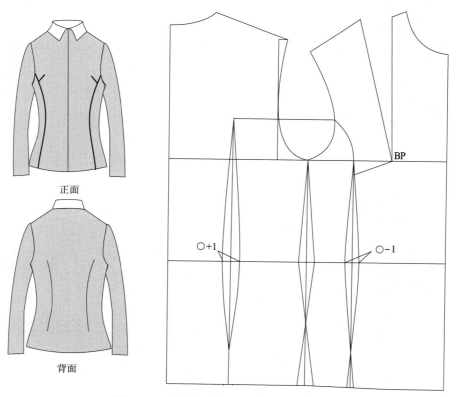

图4-2-9 变化衣身款式三与腰省量的分配

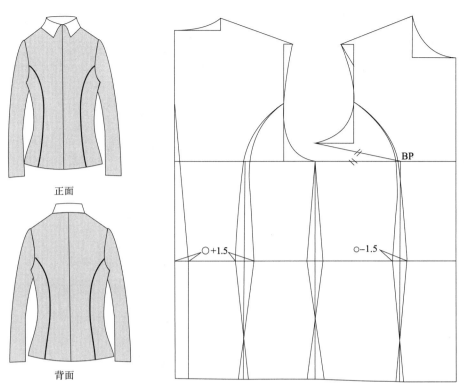

图4-2-10　变化衣身款式四与腰省量的分配

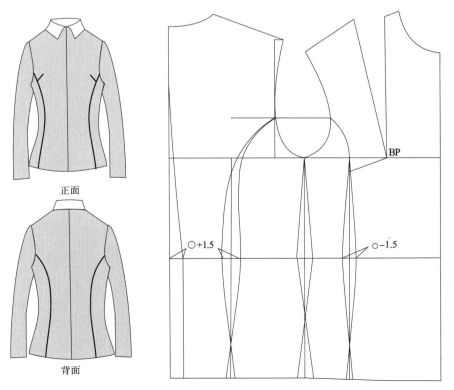

图4-2-11　变化衣身款式五与腰省量的分配

### （四）合体四开身女外套试衣效果

#### 1.合体四开身女外套样板放缝

前中心线对裁，后中心线因收省而断开，底边缝份3~3.5cm，领口缝份0.6cm，袖窿缝份0.8cm，其余部位缝份均为1cm（图4-2-12）。

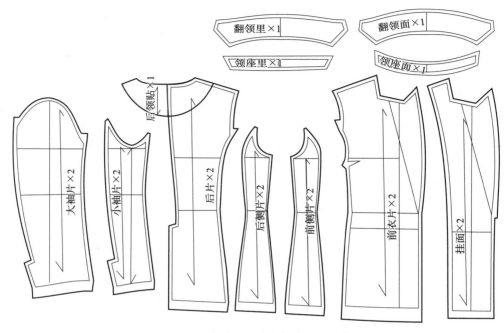

图4-2-12　合体四开身女外套缝份示意图

#### 2.合体四开身女外套里料样板放缝

在合体四开身女外套面料样板的基础上进行裁配里料，里料前片去除挂面的量，后片开衩分左右两片设计，袖窿底部和袖山底部要抬高1.5~2.5cm（图4-2-13）。

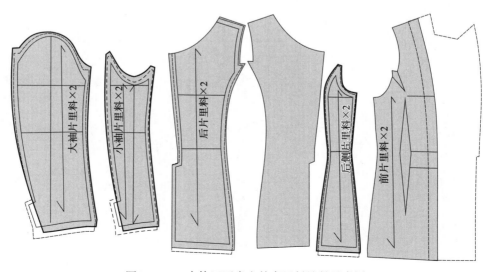

图4-2-13　合体四开身女外套里料缝份示意图

### 3.合体四开身女外套3D试衣

合体四开身女外套3D试衣是根据四开身女外套样板进行工艺缝制试样，从三维角度观看成衣效果。正面与背面看分割线比较接近腋下，侧面看前、后衣身平衡，背面看有分割效果（图4-2-14）。

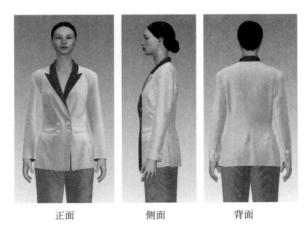

正面　　　　　　　侧面　　　　　　　背面

图4-2-14　合体四开身女外套试衣效果

### （五）实践题

根据穿着者的人体尺寸，设计四开身女外套规格。在此基础上，按照图4-2-15中的款式图进行结构设计。

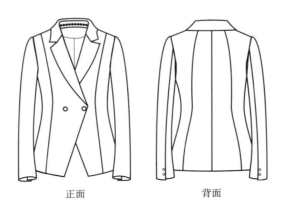

正面　　　　　　　　　　　背面

图4-2-15　四开身女外套实践款式图

## 二、合体风衣纸样设计

### （一）合体风衣款式分析

#### 1.款式特点

合体型风衣，双门襟，单排扣。前衣身靠近袖窿处有侧缝线，分割线处有插袋。后衣身设有背缝，下摆处有长开衩。

**2. 合体风衣款式图（图4-2-16）**

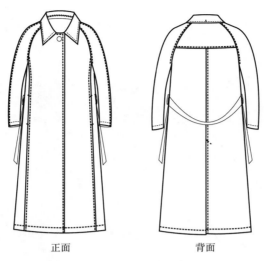

正面　　　　　　　　背面

图4-2-16　合体风衣款式图

**3. 合体风衣规格设计（表4-2-2）**

表4-2-2　165/84A合体风衣规格尺寸

单位：cm

| 长度尺寸 | | 围度尺寸 | |
|---|---|---|---|
| 胸省量（$X$） | 2.5 | 胸围（$B$） | 100 |
| 后领深 | 2.3 | 后领宽 | $\dfrac{B}{20}+3$ |
| 背长 | 40 | 前领宽（深） | 后领宽 $-0.5$ |
| 后衣长 | 90 | 背宽 | $\dfrac{1.5B}{10}+3.5$ |
| 袖隆深 | $\dfrac{B}{4}-1.5$ | 冲肩量 | 1.8 |
| 前片上抬量 | 0.25 | 前（后）胸围 | $\dfrac{B}{4}$ |
| 前片下降量 | 0.75 | 后胸宽－前胸宽 | 1.2~1.4 |
| 落肩量 | 后落肩15：5.5<br>前落肩15：6.3 | 后小肩－前小肩 | 0.5 |
| BP点至侧颈点的垂直距离 | $\dfrac{号+型}{10}$ | BP点至前中心线水平距离 | $\dfrac{B}{10}-0.5$ |
| 后开衩高 | HL下量取 13~15 | 门襟宽 | 6 |
| 袖长 | 60 | 袖肥 | 50 |
| 袖肘长 | 31 | 袖口围 | 15 |
| 袖山高 | 16 | 翻领宽 | 7 |
| 领座高 | 4.5 | 门襟宽 | 4.5 |

### （二）合体风衣结构设计

#### 1.合体风衣框架图

根据尺寸规格表，绘制165/84A号型合体风衣框架（图4-2-17）。

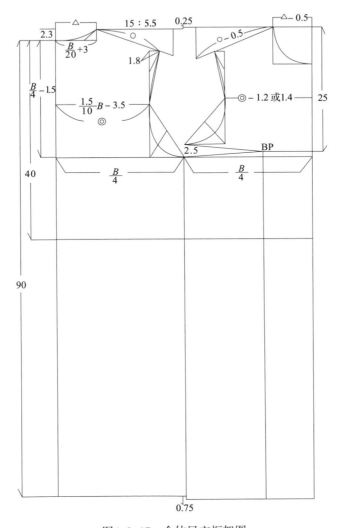

图4-2-17 合体风衣框架图

#### 2.合体风衣结构设计步骤

（1）在合体风衣框架基础上，将省道合理转移到分割线处（图4-2-18）根据款式设计领口线及门襟线。

（2）根据款式设计领子（图4-2-19）。

（3）根据款式进行袖子结构设计，注意袖山弧线与袖窿弧线要吻合（图4-2-20）。

（4）袋位设计一般在腰围线附近，功能型口袋宽一般取14~15cm，功能型后开衩长度，取臀围线下13~15cm，宽度与底摆缝份一致，方便工艺制作（图4-2-21）。

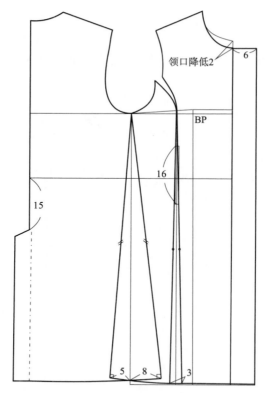

图4-2-18 合体风衣衣身结构设计

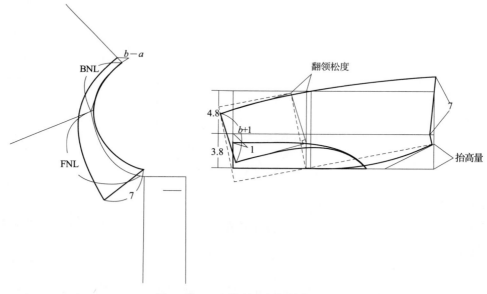

图4-2-19 合体风衣领部结构设计

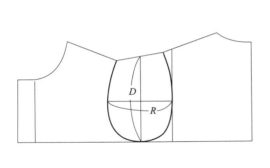

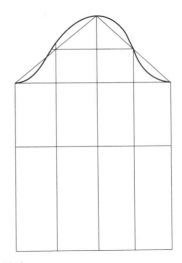

图4-2-20 合体风衣袖子结构设计

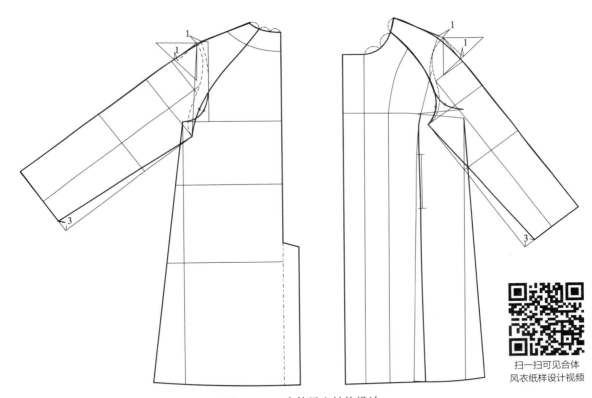

图4-2-21 合体风衣结构设计

扫一扫可见合体
风衣纸样设计视频

## （三）合体风衣衣身基本型试衣效果

### 1.合体风衣样板放缝

前中心线因中心省断开，后中心线因收省而断开。底边缝份3~3.5cm，领口缝份0.6cm，袖窿缝份0.8cm，其余部位缝份均为1cm（图4-2-22）。

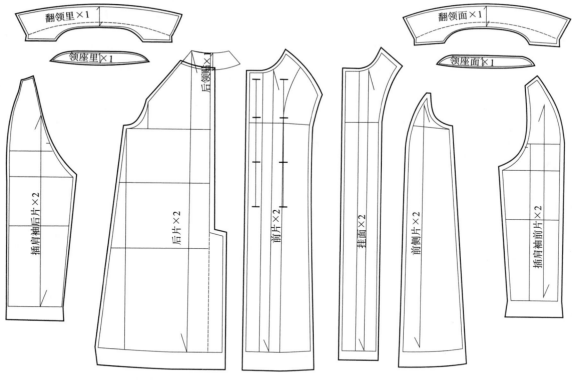

图4-2-22　合体风衣面料样板缝份示意图

**2. 合体风衣里料样板放缝**

衣身里料制板是在面料毛样板基础上放缝，里料底边缝份比面料底边缝份窄，一般取面料底边缝份的 $\frac{1}{2}$ ，其余均比面料缝份宽。因衣身后中设有开衩，所以开衩里料要减少一个开衩量（图4-2-23）。

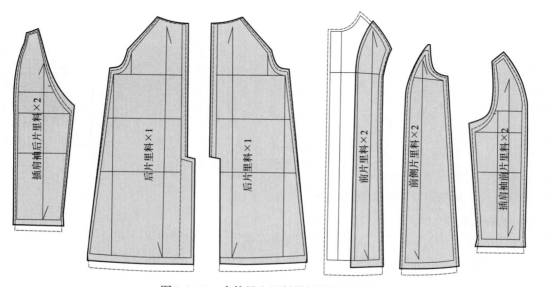

图4-2-23　合体风衣里料样板缝份示意图

### 3.袋布样板制作（图4-2-24）

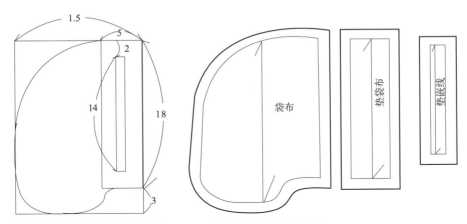

图4-2-24　袋布样板制作示意图

### 4.合体风衣衣身基本型3D试衣

根据风衣衣身基本型样板进行工艺缝制试样，从三维角度观看成衣效果。正面单排扣，侧面前后衣身平衡，背面胸围放松量适宜（图4-2-25）。

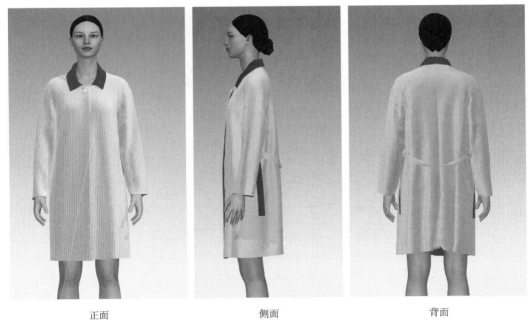

正面　　　　　　　　　　侧面　　　　　　　　　　背面

图4-2-25　合体风衣试衣效果

### （四）实践题

根据穿着者的人体尺寸，设计风衣衣身的基本型规格。在此基础上，按照图4-2-26中的款式图进行结构设计。

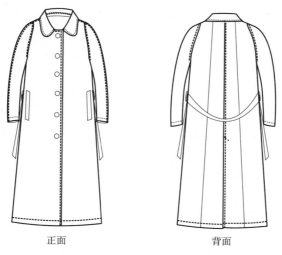

图4-2-26　合体风衣实践款式图

# 第三节　宽松女上装纸样设计

## 一、宽松风衣纸样设计

### （一）宽松风衣款式分析

#### 1.款式特点

该风衣属于宽松廓型，双排扣。前衣身设计斜插袋，后衣身设有背缝与过肩，后中处有长开衩。

#### 2.宽松风衣款式图（图4-3-1）

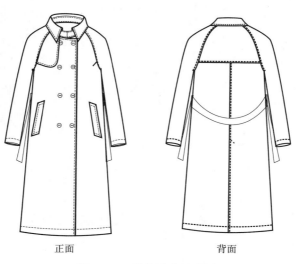

正面　　　　　　　　　　背面

图4-3-1　宽松风衣款式图

**3.宽松风衣规格设计（表4-3-1）**

表4-3-1  165/84A宽松风衣规格尺寸

单位：cm

| 长度尺寸 | | 围度尺寸 | |
|---|---|---|---|
| 胸省量（$X$） | 1.5 | 胸围（$B$） | 110 |
| 后领深 | 2.3 | 后领宽 | $\dfrac{B}{20}+3$ |
| 背长 | 40 | 前领宽（深） | 后领宽－0.5 |
| 后衣长 | 100 | 后背宽 | $\dfrac{1.5B}{10}+3.5$ |
| 袖窿深 | $\dfrac{B}{4}-1.5$ | 冲肩量 | 1.8 |
| 前片上抬量 | 0.25 | 前（后）胸围 | $\dfrac{B}{4}$ |
| 前片下降量 | 0.75 | 后胸宽－前胸宽 | 1.2~1.4 |
| 落肩量 | 后落肩15：5.5<br>前落肩15：6.3 | 后小肩－前小肩 | 0.5 |
| BP点至侧颈点的垂直距离 | $\dfrac{号＋型}{10}$ | BP点至前中心线水平距离 | $\dfrac{B}{10}-0.5$ |
| 后开衩高 | HL下量取13~15 | 门襟宽 | 10 |
| 袖长 | 58 | 袖肥 | 41 |
| 袖肘长 | 31 | 袖口围 | 17.5 |
| 袖山高 | 16 | 翻领宽 | 9 |
| 领座高 | 3.5 | 门襟宽 | 10 |

**（二）宽松风衣结构设计**

**1.宽松风衣框架图**

根据尺寸规格表，绘制165/84A号型风衣变化型框架（图4-3-2）。

**2.宽松风衣结构设计步骤**

（1）在宽松风衣框架基础上，将省道转移到袖窿省处。根据款式设计领口线及门襟线（图4-3-3）。

（2）宽松风衣双排扣结构设计（图4-3-4）。

（3）根据宽松风衣袖窿结构的取值，设计一片袖的框架（图4-3-5）。

（4）根据插肩袖角度设计前后袖，宽松式插肩袖与水平线的夹角为30°，前后领口可以根据造型进行设计（图4-3-6）。

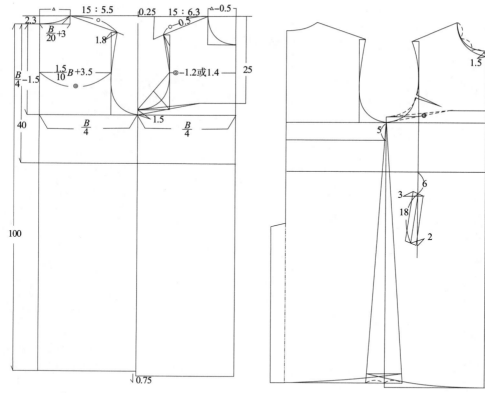

图4-3-2　宽松风衣框架图

图4-3-3　宽松风衣衣身结构设计

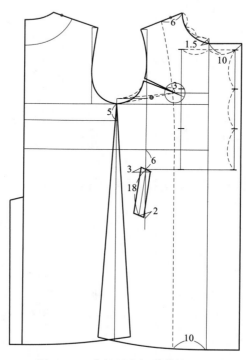

图4-3-4　宽松风衣门襟结构设计

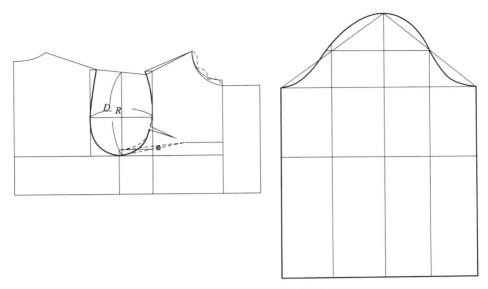

图4-3-5 宽松风衣袖窿与袖子结构设计

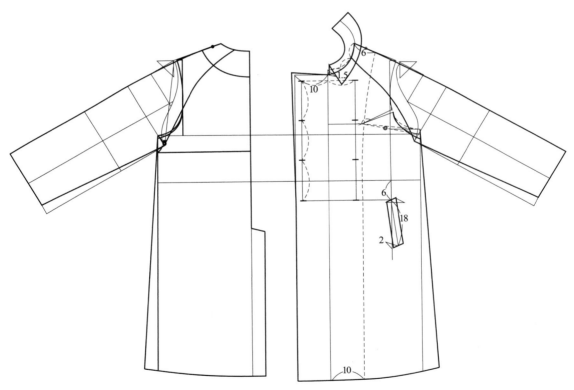

图4-3-6 宽松风衣插肩袖结构设计

（5）根据领口设计翻领造型，绘制风衣翻立领结构（图4-3-7）。

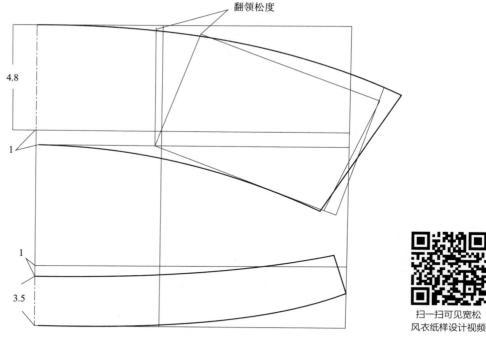

翻领松度

4.8

1

1

3.5

图4-3-7　宽松风衣领子结构设计

扫一扫可见宽松
风衣纸样设计视频

## （三）宽松风衣试衣效果

### 1.宽松风衣斜插袋样板制作（图4-3-8）

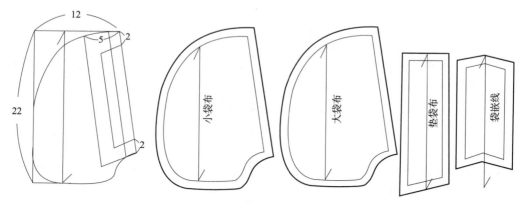

12

5　2

22

2

小袋布

大袋布

垫袋布

袋嵌线

图4-3-8　宽松风衣斜插袋样板制作

### 2.宽松风衣样板放缝

衣身领口缝份0.6cm，袖窿缝份0.8cm，衣身底边缝份4~5cm，挂面底边缝份2~2.5cm，其余部位缝份均为1cm（图4-3-9）。

### 3.宽松风衣里料样板放缝

里料衣身领口缝份0.6cm，袖窿缝份0.8cm，底边缝份4~5cm，挂面底边缝份2~2.5cm，其余部位缝份均为1cm（图4-3-10）。

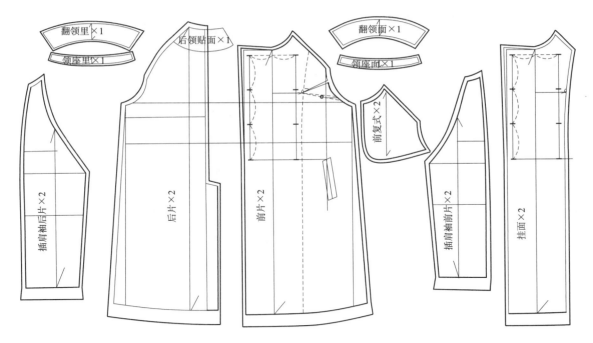

图4-3-9　宽松风衣样板缝份示意图

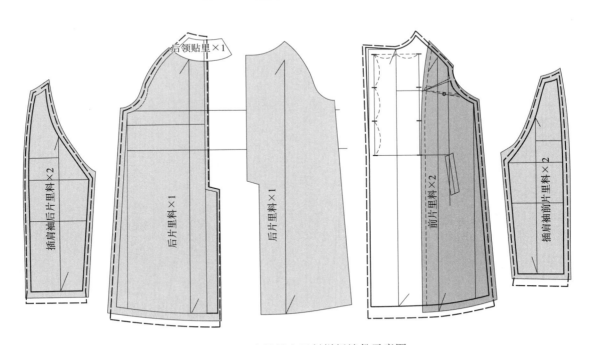

图4-3-10　宽松风衣里料样板缝份示意图

### 4.宽松风衣衣身变化型3D试衣

根据风衣衣身变化型样板进行工艺缝制试样，从三维角度观看成衣效果。正面有门襟双排扣，前右上方有育克，侧面看前后身平衡，背面设有过肩和开衩，胸围放松量适宜（图4-3-11）。

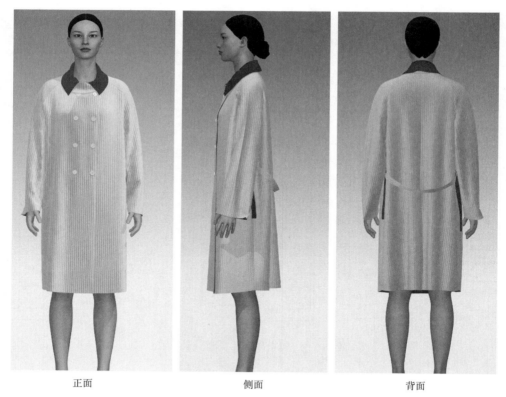

正面　　　　　　　　　　侧面　　　　　　　　　　背面

图4-3-11　宽松风衣试衣效果

## （四）实践题

　　根据穿着者的人体尺寸，设计风衣衣身变化型规格。在此基础上，按照图4-3-12中的款式图进行结构设计。

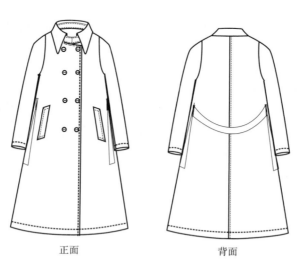

正面　　　　　　　　　　背面

图4-3-12　宽松风衣实践款式图

## 二、宽松大衣纸样设计

### （一）宽松大衣款式分析

#### 1.款式特点

该大衣属于茧型大衣，单排一粒扣。前衣身有领口省和双嵌线挖袋，侧缝处向里收。后衣身设有背缝和开衩。

#### 2.宽松大衣款式图（图4-3-13）

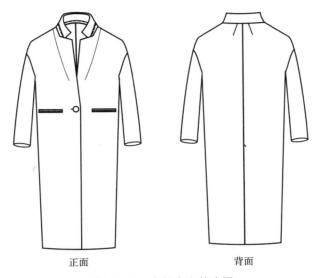

正面　　　　　　　　　背面

图4-3-13　宽松大衣款式图

#### 3.宽松大衣规格设计（表4-3-2）

表4-3-2　165/84A宽松大衣规格尺寸

单位：cm

| 长度尺寸 | | 围度尺寸 | |
|---|---|---|---|
| 胸省量（$X$） | 2 | 胸围（$B$） | 108 |
| 后领深 | 2.5 | 后领宽 | $\dfrac{B}{20}+3$ |
| 背长 | 40 | 前领宽（深） | 后领宽 − 0.5 |
| 后衣长 | 95 | 后背宽 | $\dfrac{1.5B}{10}+3.5$ |
| 袖窿深 | $\dfrac{B}{4}-1.5$ | 冲肩量 | 1.8 |
| 前片上抬量 | 0 | 前（后）胸围 | $\dfrac{B}{4}$ |
| 前片下降量 | 1 | 后胸宽 − 前胸宽 | 1.2~1.4 |
| 落肩量 | 后落肩15：5.5<br>前落肩15：6.3 | 后小肩 − 前小肩 | 0.5 |

续表

| 长度尺寸 | | 围度尺寸 | |
|---|---|---|---|
| BP点至前颈点的垂直距离 | $\dfrac{号+型}{10}$ | BP点至前中心线的水平距离 | $\dfrac{B}{10}-0.5$ |
| 领座高 | 2.5 | 门襟宽 | 3.8 |
| 袖肘长（EL） | $32\left(\dfrac{号}{5}-1\right)$ | 翻领宽 | 3.5 |
| 袖长（SL） | 55 | 袖肥（SW） | 39 |
| 落肩量 | 5 | 袖口围（CW） | 30 |

注　落肩袖的倒吃势量为-0.8cm~1cm。

### （二）宽松大衣结构设计

**1. 宽松大衣框架结构**

根据尺寸规格表，绘制165/84A号型大衣变化型框架（图4-3-14）。

**2. 宽松大衣结构设计步骤**

（1）在大衣框架基础上，根据款式设计后肩省及搭门宽（图4-3-15）。

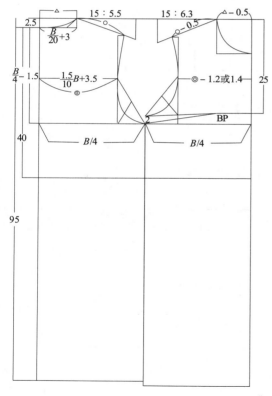

图4-3-14　宽松大衣框架图

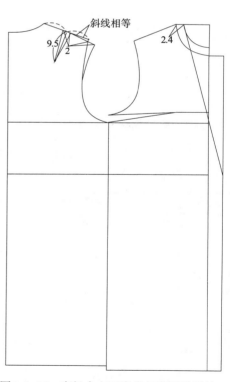

图4-3-15　宽松大衣后肩省与翻驳线设计

（2）根据款式设计分割线，确定后领口省位，将胸省转移到前领口（图4-3-16）。

（3）合并肩省绘制后领口省，绘制驳头宽及下摆造型，根据款式图确定袋位及袋口的大小（图4-3-17）。

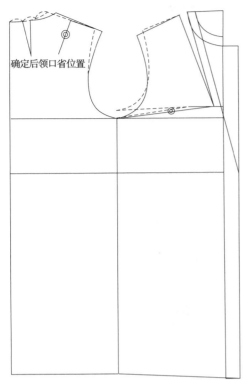

图4-3-16　宽松大衣前后领口省设计

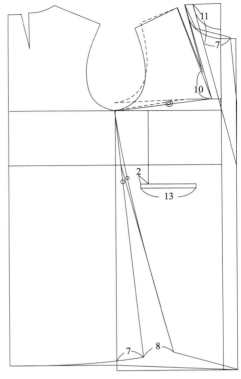

图4-3-17　宽松大衣下摆及袋位设计

（4）在衣身袖窿基础上，根据袖窿尺寸配置一片袖基本型，为绘制落肩袖做准备。参考款式图，在前衣片绘制挂面位置的辅助线（图4-3-18）。

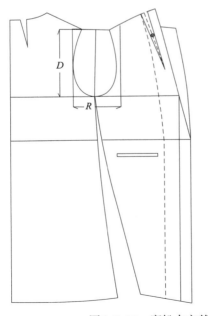

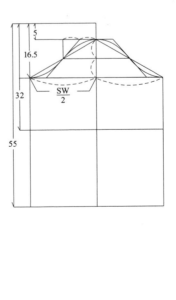

图4-3-18　宽松大衣基本袖窿与一片袖设计

（5）在基础袖窿上，确定小落肩量5cm，同时降落胸围线2cm（经验值），在此基础上，参考图中规格尺寸绘制完成落肩袖的袖窿。根据款式设计一片袖的后袖分割线，如图4-3-19所示。

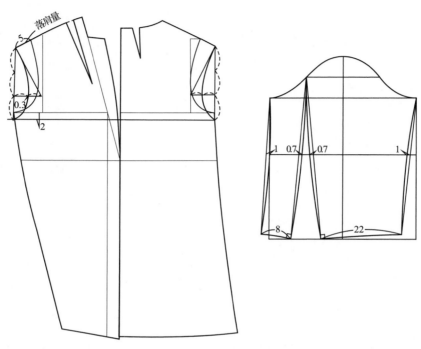

图4-3-19　宽松大衣结构图设计

（6）合并前后肩斜线，校对一片袖的袖山弧线与袖窿弧线的吻合度，落肩袖的袖山弧线一般小于或等于袖窿弧线，成为反吃势量，图中袖窿吃势量约为0.8cm（图4-3-20）。

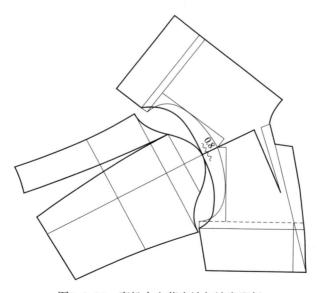

图4-3-20　宽松大衣落肩袖与袖窿配伍

（7）参考款式设计翻立领造型，首先确定领基圆与驳口线的位置（图4-3-21），根据设计点绘制翻驳领造型及后翻领弧线（图4-3-22）。

（8）根据方型领口绘制翻领结构，设计翻领的领座，完成翻领的结构绘制。在翻领领里与领座领里的基础上，绘制翻领、领座的领面结构（图4-3-23）。

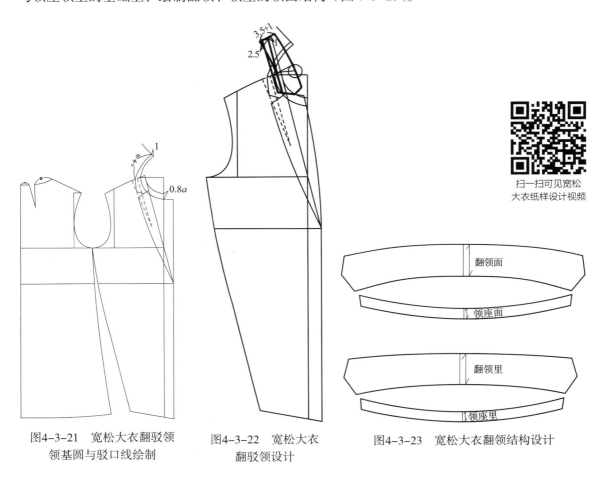

扫一扫可见宽松
大衣纸样设计视频

图4-3-21　宽松大衣翻驳领
领基圆与驳口线绘制

图4-3-22　宽松大衣
翻驳领设计

图4-3-23　宽松大衣翻领结构设计

### （三）宽松大衣衣身变化型试衣效果

#### 1. 宽松大衣衣身面料样板放缝

领口缝份0.6cm，袖窿缝份0.8cm，衣身底边缝份4~5cm，挂面底边缝份2~2.5cm，其余缝份1cm（图4-3-24）。

#### 2. 宽松大衣衣身变化型3D试衣

根据宽松大衣变化型样板进行工艺缝制试样，从三维角度观看成衣效果。衣身上宽下窄，前短后长，形成茧型廓型，翻立领可翻也可以立起来（图4-3-25）。

### （四）实践题

根据穿着者的人体尺寸，设计宽松大衣衣身规格尺寸。在此基础上，按照图4-3-26中的款式图进行结构设计。

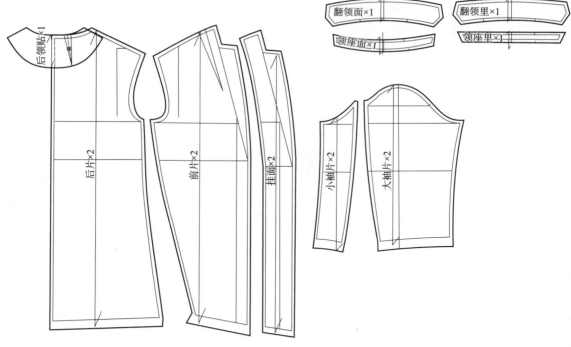

图4-3-24　宽松大衣面料放缝示意图

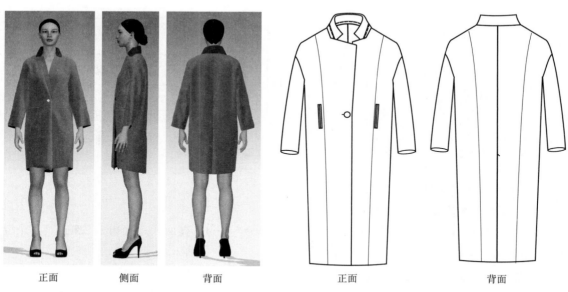

正面　　　　侧面　　　　背面

图4-3-25　宽松大衣试衣效果

正面　　　　　　　背面

图4-3-26　宽松大衣实践款式图

# 第五章

# 裤装纸样设计

课题名称：裤装纸样设计

课题内容：1.合体裤纸样设计

2.紧身裤纸样设计

3.宽松裤纸样设计

课题时间：20课时

教学目的：掌握不同宽松度的裤装纸样设计的相关知识

教学方式：理论讲授与实践操作

教学要求：1.掌握合体女西裤结构设计方法

2.掌握紧身低腰裤、低腰喇叭裤的结构设计方法

3.掌握高腰阔腿裤、宽松工装裤的结构设计方法

课前（后）准备：相关教案、PPT、视频等

# 第一节　合体裤纸样设计

## 一、合体裤基本型纸样设计

### （一）合体裤基本型款式分析

**1.款式特点**

该合体裤属于直筒裤造型，裤子绱腰头，前、后裤片各设有两个腰省，不设穿脱方式。

**2.合体裤基本型款式图（图5-1-1）**

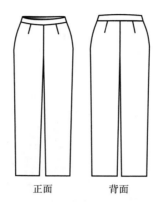

正面　　　　背面

图5-1-1　合体裤基本型款式图

### （二）合体裤基本型线条名称

合体裤基本型线条名称介绍如图5-1-2所示。

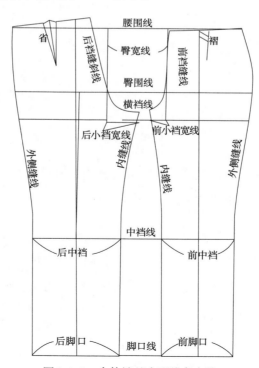

图5-1-2　合体裤基本型线条名称

### （三）裤子规格设计

### 1. 长度线尺寸设计

裤子长度尺寸设计有五条纵向线，是裤子结构设计的基础长度线。在裤子结构设计中，根据人体的身高（号）和臀围（型），参考裤子款式图设计尺寸（图5-1-3）。

### 2. 围度线尺寸设计

（1）裤子前后差是指人体中线与臀围线中点之间的差。在裤子结构设计中，人体臀围体型决定了前后差的大小（表5-1-1）。

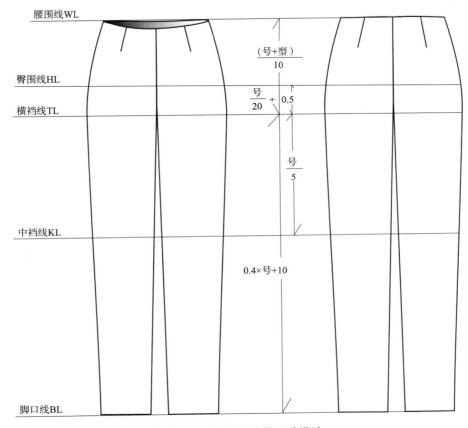

图5-1-3　裤子长度线尺寸设计

**表5-1-1　裤子前后差的取值**

单位：cm

| 体型 | 平臀体 | 正常体 | 翘臀体 |
|---|---|---|---|
| 前后差 | 0.75 | 1 | 1.5 |

（2）裤子内缝点决定了裤子前后内缝线的位置，宜在前后差基础上量取裤子内缝线。内缝线、横裆宽、中裆三个围度取值与裤型的合体度有关（表5-1-2、图5-1-4）。

### 表5-1-2　裤子围度规格设计

单位：cm

| 裤型 | 紧身裤型 | 合体裤型 | 宽松裤型 |
|---|---|---|---|
| 内缝点 | 1~1.5 | 1.5~2 | 2~2.5 |
| 横裆宽 | $0.16H$ | $0.16H$ 或者 $\dfrac{H}{6}$ | $\dfrac{H}{6}$ 或 $0.17H$ |
| 中裆 | $\dfrac{H}{2}-6$ | $\dfrac{H}{2}-4$ | $\dfrac{H}{2}+4$ |

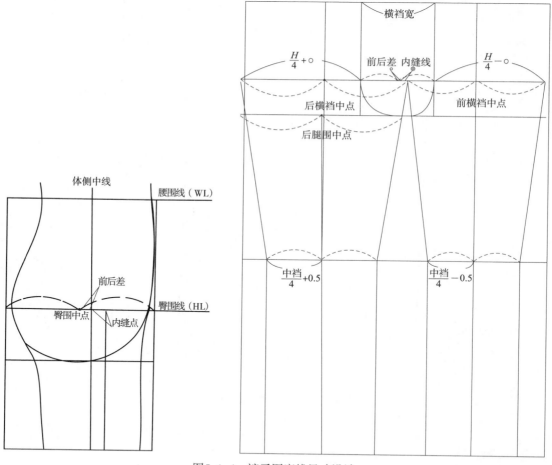

图5-1-4　裤子围度线尺寸设计

### 3.裤子放松量设计（表5-1-3）

**表5-1-3　裤子放松量设计**

单位：cm

| 裤型 | 臀围松量 | 腰围松量 |
|---|---|---|
| 紧身裤型 | 4~6 | 腰围松量一般为2cm。具体尺寸根据裤型、面料、人体进行设计 |
| 合体裤型 | 8~10 | |
| 宽松裤型 | 12以上 | |

### （四）合体裤基本型规格设计

根据165/70A规格设计合体裤基本型的长度尺寸及围度尺寸（表5-1-4）。

**表5-1-4　合体裤基本型规格设计**

单位：cm

| 长度尺寸 | | 围度尺寸 | |
|---|---|---|---|
| 横裆线 | $\dfrac{号+型}{10}$ | 腰围 | 72 |
| 臀围线 | $\dfrac{号}{20}$ | 臀围 | 100 |
| 中裆线 | $\dfrac{号}{5}$ | 前后差 | 1 |
| 裤长线 | 0.4号 +（10~12） | 内缝点 | 1.5 |
| 后裆低落 | 0.5 | 横裆宽 | 0.16 |
| | | 中裆 | $\dfrac{H}{2}-4$ |

### （五）合体裤基本型结构设计

#### 1.合体裤基本型框架

（1）根据规格表尺寸，绘制合体裤的长度及围度尺寸框架（图5-1-5）。

（2）在窿门宽的基础上，取裆宽的前后差及内缝点（图5-1-6）。

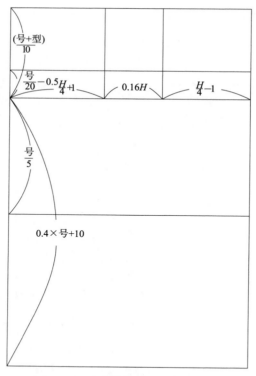

图5-1-5　合体裤基本型框架步骤一

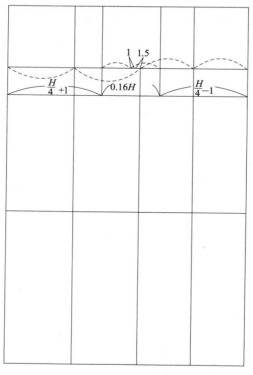

图5-1-6　合体裤基本型框架步骤二

**2.合体裤基本型结构设计步骤**

（1）在裤烫迹线的基础上，确定中裆线，绘制内裤缝线及外裤缝线。取后裤片的大腿围中点，确定中裆以上部分的后烫迹线（图5-1-7）。

（2）绘制前后腰围大小及省量的大小（图5-1-8）。

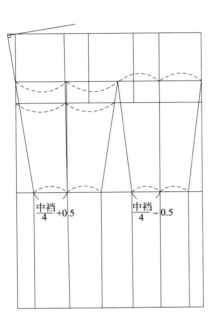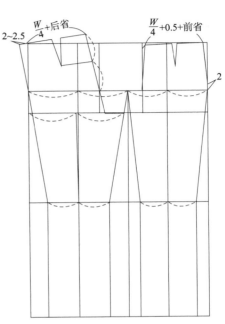

图5-1-7　合体裤基本型结构设计步骤一　　图5-1-8　合体裤基本型结构设计步骤二

（3）作裆弯、内裤缝及外侧缝线弧线的辅助线（图5-1-9）。

（4）根据辅助线绘制合体裤的外轮廓弧线（图5-1-10）。

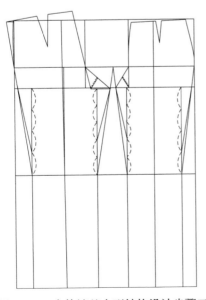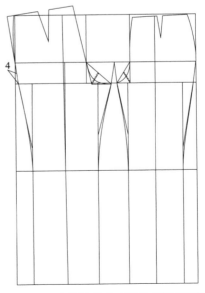

图5-1-9　合体裤基本型结构设计步骤三　　图5-1-10　合体裤基本型结构设计步骤四

（5）完成合体裤基本型结构设计（图5-1-11）。

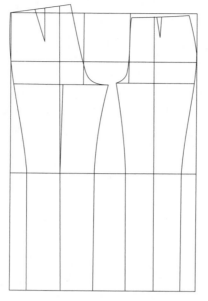

扫一扫可见合体裤
基本型纸样设计
视频

图5-1-11　合体裤基本型结构设计步骤五

## （六）合体裤基本型试衣效果

### 1.合体裤基本型样板放缝

脚口一般缝份3~4cm，其余部位缝份均为1cm（图5-1-12）。

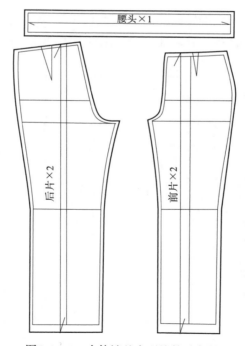

图5-1-12　合体裤基本型缝份示意图

### 2. 合体裤基本型3D试衣

根据合体裤基本型样板进行工艺缝制试样，从三维角度观看成衣效果。正面裤子腰腹较合体，侧面前后裤子较平衡，背面腰臀较合体（图5-1-13）。

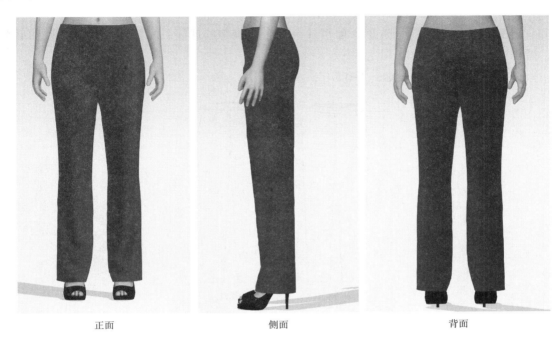

正面　　　　　　　　　　侧面　　　　　　　　　　背面

图5-1-13　合体裤基本型试衣效果

### （七）实践题

根据穿着者的人体尺寸，设计合体裤基本型规格。在此基础上，按照图5-1-14中的款式图进行结构设计。

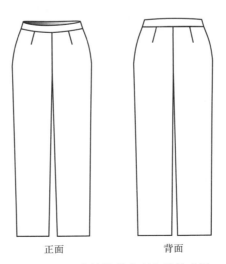

正面　　　　背面

图5-1-14　合体裤基本型实践款式图

## 二、合体女西裤纸样设计

### （一）合体女西裤款式分析

#### 1.款式特点

合体女西裤属于小脚口造型，前裤片有一个褶裥和斜插袋，后裤片设计一个省和后挖袋，裤子有腰头和门襟。

#### 2.合体女西裤款式图（图5-1-15）

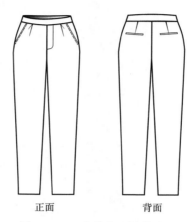

正面　　　　　背面

图5-1-15　合体女西裤款式图

### （二）合体女西裤结构设计

#### 1.合体女西裤脚口设计

（1）合体女西裤脚口小于中裆宽，根据款式设计，沿脚口向里量取3cm，缩小脚口围（图5-1-16）。

（2）在辅助线基础上，调整内裆缝线和外侧缝线（图5-1-17）。

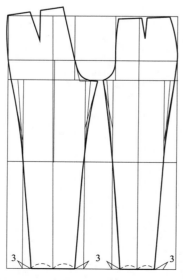

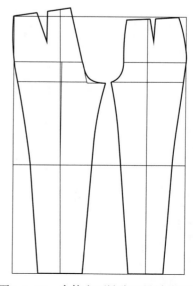

图5-1-16　合体女西裤脚口设计步骤一　　图5-1-17　合体女西裤脚口设计步骤二

**2.合体女西裤上档设计**

（1）在前裤片将省道转化为褶裥，根据款式图设计斜插袋的位置。斜插袋的袋口宽度一般取16~18cm，在手掌宽的基础上加放尺寸。在后裤片腰省省尖处设计后袋的位置及大小。设计后袋结构时，注意袋位与后腰线平行。女西裤后袋一般属于装饰口袋，袋口宽度不易过大，一般为12~13cm（图5-1-18）。

（2）在袋位基础上绘制袋布，根据款式设计垫袋布的大小及造型。在袋布及袋位基础上绘制垫袋布才能合理设计。里襟宽一般为3~3.5cm，长不宜超过臀围线，门襟与里襟长度相同，宽度根据款式设计。后袋垫袋布根据口袋嵌线大小设计，一般比嵌线宽2cm，垫袋布在口袋基础上合理设计大小（图5-1-19）。

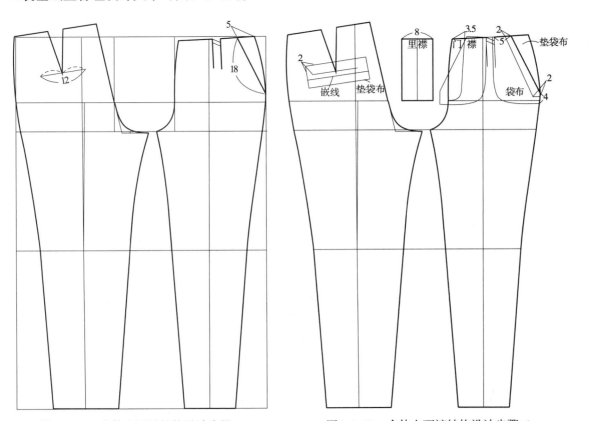

图5-1-18　合体女西裤结构设计步骤一　　　图5-1-19　合体女西裤结构设计步骤二

**（三）合体女西裤试衣效果**

**1.合体女西裤样板放缝**

脚口缝份一般为3~4cm，其余部位缝份均为1cm（图5-1-20）。

**2.合体女西裤3D试衣**

根据合体女西裤样板进行工艺缝制试样，从三维角度观看成衣效果。正面裤腿收脚口设计更加贴体，侧面前后平衡，背面也较合体（图5-1-21）。

扫一扫可见合体女
西裤纸样设计视频

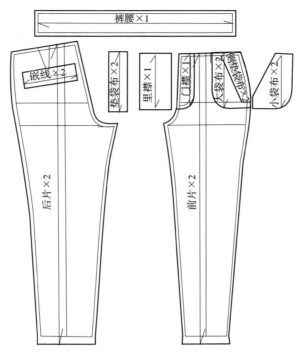

图5-1-20 合体女西裤缝份示意图

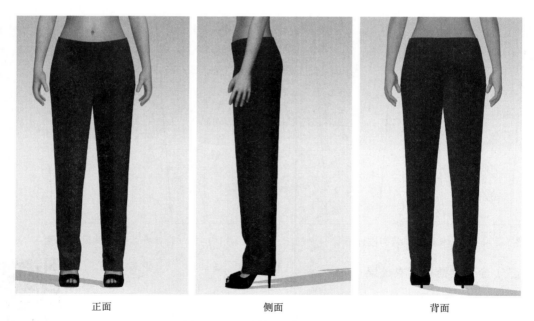

正面　　　　　　　　　　侧面　　　　　　　　　　背面

图5-1-21 合体女西裤试衣效果

（四）实践题

根据穿着者的人体尺寸，设计合体女西裤规格。在此基础上，按照图5-1-22中的款式图进行结构设计。

# 三、合体连体裤纸样设计

## （一）合体连体裤款式分析

### 1.款式特点

合体连体裤属于上装和下装连接的断腰款式，上衣无领、无袖、较合体，下裤属于较合体西裤，前后中心线断开。可以根据具体款式在前后中心线处设穿脱方式，但此处不设穿脱方式。

### 2.合体连体裤款式图（图5-1-23）

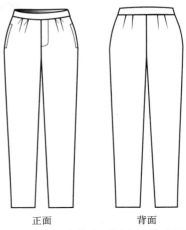

图5-1-22　合体女西裤实践款式图

正面　　　　　　　背面

图5-1-23　合体连体裤款式图

### 3.合体连体裤规格设计

合体连体裤规格设计分上衣和下裤（图5-1-24），上衣参考表5-1-5，下装参考表5-1-4。

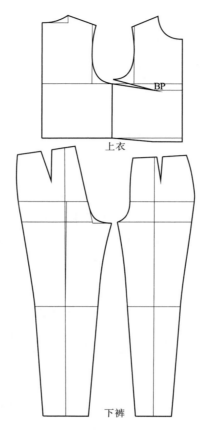

上衣

下裤

图5-1-24　合体连体裤结构设计

## 表5-1-5　合体连体裤女上衣规格设计

单位：cm

| 长度尺寸 | | 围度尺寸 | |
|---|---|---|---|
| 胸省量（$X$） | 1.5 | 胸围（$B$） | 92 |
| 后领深 | 2.1 | 后领宽 | $\dfrac{B}{20}+3$ |
| 背长 | 38 | 前领宽（深） | 后领宽 − 0.5 |
| | | 前（后）胸围 | $\dfrac{B}{4}$ |
| 袖窿深 | $\dfrac{B}{4}-1.5$ | 后背宽 | $\dfrac{1.5B}{10}+3.5$ |
| 前片上抬量 | − 0.25 | 冲肩量 | 1.5 |
| 前片下降量 | 1.25 | 后胸宽—前胸宽 | 1.2 ~ 1.4 |
| 落肩量 | 后落肩15：5.5<br>前落肩15：6.3 | 后小肩—前小肩 | 0.5 |
| BP 点至前颈点的垂直距离 | $\dfrac{号+型}{10}$ | BP 点至前中心线的水平距离 | $\dfrac{B}{10}-0.5$ |

### （二）合体连体裤结构设计

#### 1.合体连体裤上衣结构设计

（1）根据规格绘制上衣基本型结构。虽然是合体连体裤，但上衣的胸省设计为宽松款式的大小，因连体裤上衣、下裤相连，活动受限，所以在胸省处设有放量（图5-1-25）。

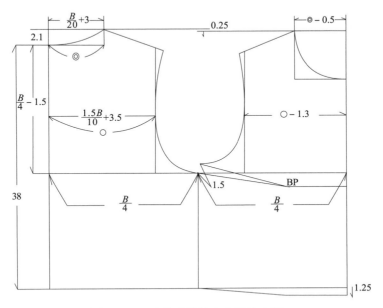

图5-1-25　合体连体裤上衣设计步骤一

（2）在设计时，根据款式转移胸省量。这里将胸省转移到肩省处。上衣侧缝收量根据款式设计，合体的衣身腰部侧缝收2cm（图5-1-26）。

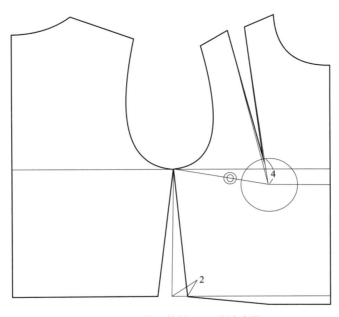

图5-1-26　合体连体裤上衣设计步骤二

**2.合体连体裤结构设计步骤**

（1）设计下裤结构时，将腰省融入腰围，增加连体裤的活动量（图5-1-27）。

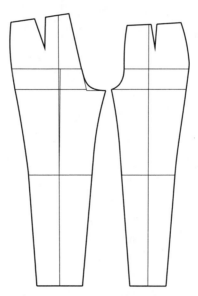

图5-1-27　合体连体裤框架步骤一

（2）沿后裤片起翘作腰围水平直线，取值"◎"。"○"是前衣片起翘量。在连体裤设计中，要保持侧缝等长，所以前裤片抬高量等于◎－○（图5-1-28）。

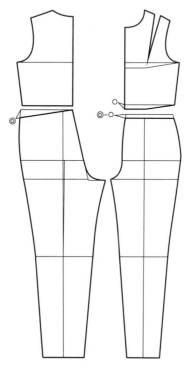

图5-1-28　合体连体裤框架步骤二

（3）校对连体裤的侧缝长，保证前后侧缝长相等。前后两侧余量为腰部活动量。连体裤的开口方式一般设计在前中或后中，方便穿脱（图5-1-29）。

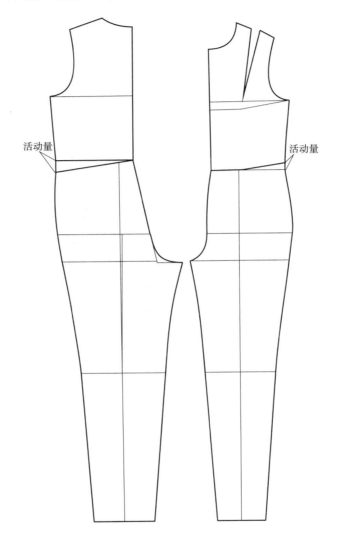

活动量　　　　　　　　　　　　活动量

扫一扫可见合体
连体裤纸样设计
视频

图5-1-29　合体连体裤框架步骤三

### （三）合体连体裤试衣效果

#### 1.合体连体裤样板放缝

脚口缝份一般为3~4cm，其余部位缝份为1cm（图5-1-30）。

#### 2.合体连体裤3D试衣

根据合体连体裤样板进行工艺缝制试样，从三维角度观看成衣效果。正面连体裤较合体，侧面前后衣身平衡，背面腰部松量适宜，满足人体基本活动功能需求（图5-1-31）。

### （四）实践题

根据穿着者的人体尺寸，设计合体连体裤规格。在此基础上，按照图5-1-32中的款式图进行结构设计。

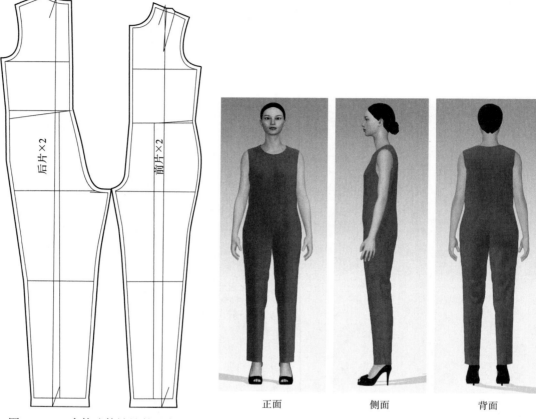

图5-1-30　合体连体裤缝份示意图

图5-1-31　合体连体裤试衣效果

正面　　　　　　　　　　侧面　　　　　　　　　　背面

正面　　　　　　　　背面

图5-1-32　合体连体裤实践款式图

# 第二节 紧身裤纸样设计

## 一、紧身裤基本型纸样设计

### （一）紧身裤基本型款式分析

**1. 款式特点**

紧身裤基本型属于紧身直筒裤造型，裤子绱腰头，前裤片设有两个腰省，后裤片设计两个腰省，因属于基本型结构设计，不设穿脱方式。

**2. 紧身裤基本型款式图（图5-2-1）**

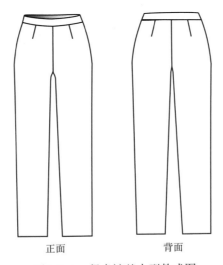

正面　　　　　　　背面

图5-2-1　紧身裤基本型款式图

**3. 紧身裤基本型规格设计**

根据165/70A规格设计紧身裤基本型的长度尺寸及围度尺寸（表5-2-1）。

表5-2-1　紧身裤基本型规格设计

单位：cm

| 长度尺寸 | | 围度尺寸 | |
| --- | --- | --- | --- |
| 横裆线 | $\dfrac{号+型}{10}$ | 腰围 | 72 |
| 臀围线 | $\dfrac{号}{20}$ | 臀围 | 94 |
| 中裆线 | $\dfrac{号}{5}$ | 前后差 | 1 |
| 裤长线 | $0.4×号+（10\sim12）$ | 内缝点 | 1.5 |

续表

| 长度尺寸 | | 围度尺寸 | |
|---|---|---|---|
| 后裆低落 | 0.5 | 窿门宽 | $0.16H$ |
| | | 中裆 | $\dfrac{H}{2}-6$ |

### （二）紧身裤基本型结构设计

**1. 紧身裤基本型框架**

（1）根据规格表尺寸，绘制基本型长度及围度尺寸框架（图5-2-2）。

（2）在窿门宽的基础上，取裆宽的前后差及内缝点（图5-2-3）。

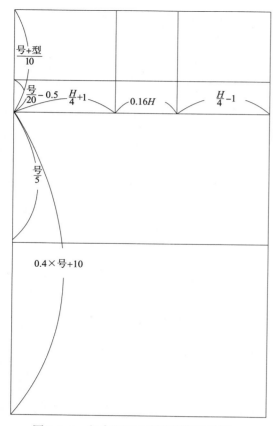

图5-2-2　紧身裤基本型框架设计步骤一

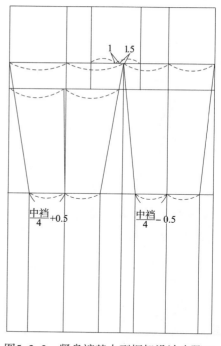

图5-2-3　紧身裤基本型框架设计步骤二

**2. 紧身裤基本型结构设计步骤**

（1）在裤子烫迹线的基础上，确定中裆宽，绘制内裤缝线及外裤缝线。取后裤片的大腿围中点，确定中裆以上部分的后烫迹线（图5-2-4）。

（2）绘制前后腰围及省道（图5-2-5）。

（3）作裆弯、内裤缝及外侧缝线弧线的辅助线（图5-2-6）。

（4）根据辅助线绘制裤子的外轮廓弧线（图5-2-7）。

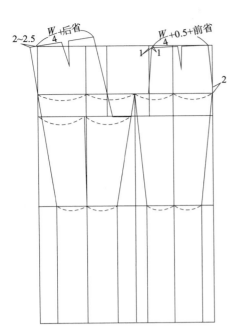

图5-2-4 紧身裤基本型结构设计步骤一

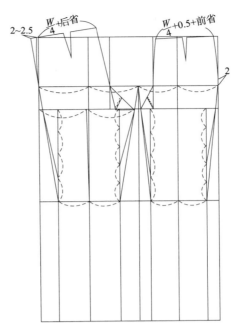

图5-2-5 紧身裤基本型结构设计步骤二

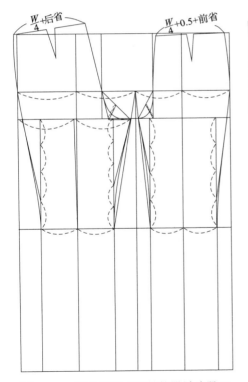

图5-2-6 紧身裤基本型结构设计步骤三

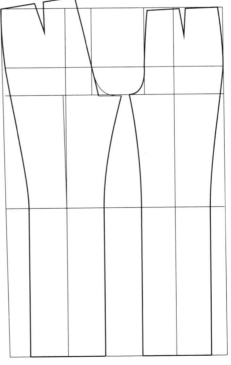

图5-2-7 紧身裤基本型结构设计步骤四

扫一扫可见紧身裤
基本型纸样设计
视频

### （三）紧身裤基本型试衣效果

#### 1.紧身裤基本型样板放缝

裤子脚口缝份一般为3~4cm，其余部位缝份1cm（图5-2-8）。

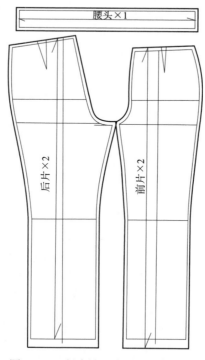

图5-2-8　紧身裤基本型缝份示意图

#### 2.紧身裤基本型3D试衣

根据紧身裤基本型样板进行工艺缝制试样，从三维角度观看成衣效果。正面裤子紧身贴体，侧面前后裤片平衡，背面裤子腰臀贴体（图5-2-9）。

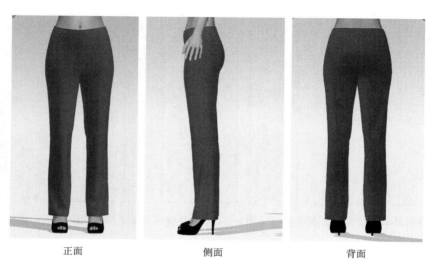

正面　　　　　　　　侧面　　　　　　　　背面

图5-2-9　紧身裤基本型试衣效果

**（四）实践题**

根据穿着者的人体尺寸，设计紧身裤基本型规格。在此基础上，按照图5-2-10中的款式图进行结构设计。

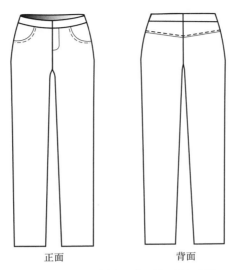

正面　　　　　背面

图5-2-10　紧身裤基本型实践款式图

# 二、紧身低腰裤纸样设计

**（一）紧身低腰裤款式分析**

**1.款式特点**

紧身低腰裤的腰围线低于正常腰围线，腰头是弧线造型。前片设有月亮袋及门襟拉链，后片设有育克。

**2.紧身低腰裤款式图（图5-2-11）**

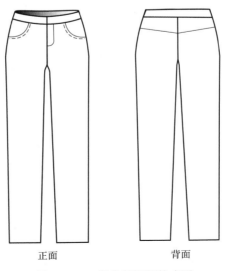

正面　　　　　背面

图5-2-11　紧身低腰裤款式图

### （二）紧身低腰裤结构设计

#### 1. 紧身低腰裤框架设计

（1）小脚口裤子比较贴体，因此紧身裤长缩短2cm。在此基础上，脚口处向里量取2.5cm，改变脚口的大小，形成紧身低腰裤的脚口状态（图5-2-12）。

（2）低腰裤腰围线是在正常腰围线基础上降低3cm（图5-2-13）。

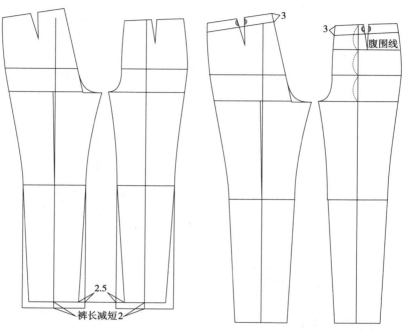

图5-2-12　紧身低腰裤框架一　　　　图5-2-13　紧身低腰裤框架二

（3）将下降的腰省合并，形成前后片腰部弧线造型设计（图5-2-14）。

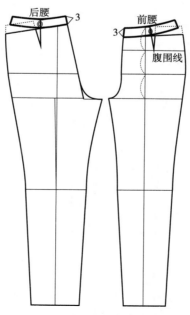

图5-2-14　紧身低腰裤框架三

（4）以后中为基准，拼合前后裤腰（图5-2-15）。

**2.紧身低腰裤结构设计步骤**

（1）在低腰裤的基础上，前片设计月亮袋，后片根据后省设计育克（图5-2-16）。

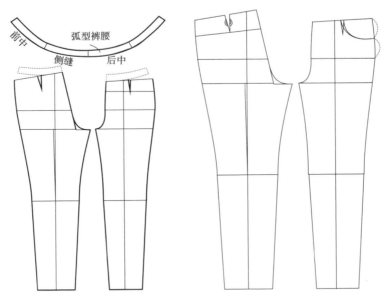

图5-2-15　紧身低腰裤框架四　　图5-2-16　紧身低腰裤结构设计步骤一

（2）合并后省，绘制育克造型，在月亮袋分割线基础上，绘制垫袋布（图5-2-17）。

（3）勾勒紧身低腰裤的前、后片轮廓线（图5-2-18）。

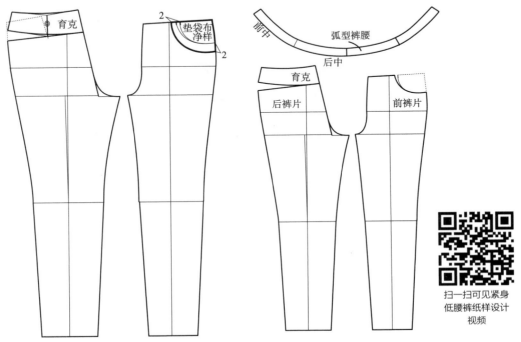

扫一扫可见紧身
低腰裤纸样设计
视频

图5-2-17　紧身低腰裤结构设计步骤二　　图5-2-18　紧身低腰裤结构设计步骤三

## （三）紧身低腰裤试衣效果

### 1.紧身低腰裤样板放缝

脚口缝份一般为3~4cm，其余部位缝份均为1cm（图5-2-19）。

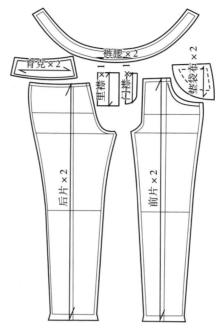

图5-2-19　紧身低腰裤缝份示意图

### 2.紧身低腰裤3D试衣

根据紧身低腰裤样板进行工艺缝制试样，从三维角度观看成衣效果。正面前裤腰口低落，侧面裤型较贴体，背面后腰处设有育克，脚口收紧（图5-2-20）。

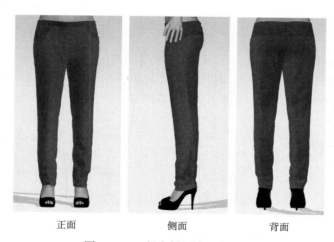

正面　　　　　　　　侧面　　　　　　　　背面

图5-2-20　紧身低腰裤试衣效果

## （四）实践题

根据穿着者的人体尺寸，设计紧身低腰裤规格。在此基础上，按照图5-2-21中的款式图进行结构设计。

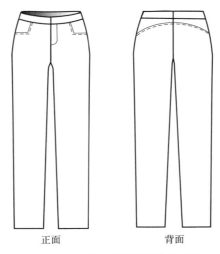

正面　　　　　　　背面

图5-2-21　紧身低腰裤实践款式图

## 三、紧身低腰喇叭裤纸样设计

### （一）紧身低腰喇叭裤款式分析

#### 1.款式特点

前后裤片在烫迹线处设计了纵向分割线，脚口处展开呈喇叭状形态。因是基本型结构设计，不设穿脱方式。

#### 2.紧身低腰喇叭裤款式图（图5-2-22）

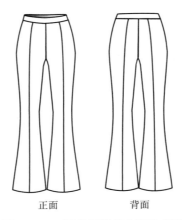

正面　　　　　　　背面

图5-2-22　紧身低腰喇叭裤款式图

### （二）紧身低腰喇叭裤结构设计

#### 1.紧身低腰喇叭裤脚口设计

（1）缩窄中裆宽0.5cm，裤长加长3cm，脚口加大3cm（图5-2-23）。

（2）作脚口线与侧缝线呈直角，形成喇叭裤的脚口状态（图5-2-24）。

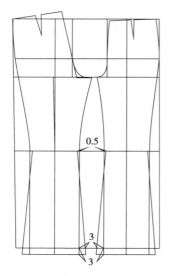 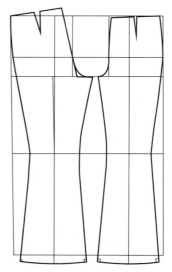

扫一扫可见紧身
低腰喇叭裤纸样
设计视频

图5-2-23　紧身低腰喇叭裤脚口结构设计步骤一　　图5-2-24　紧身低腰喇叭裤脚口结构设计步骤二

### 2. 紧身低腰喇叭裤分割线设计

（1）沿烫迹线作纵向线分割，将省道融入分割线（图5-2-25）。

（2）沿分割线将裁片分开，保证分割线长度一致（图5-2-26）。

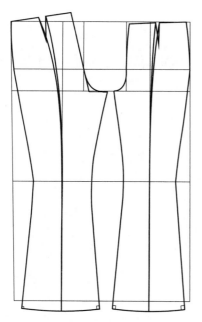 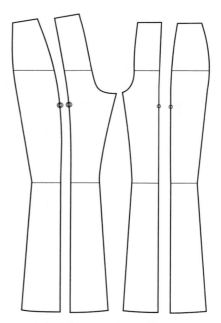

图5-2-25　紧身低腰喇叭裤分割结构设计步骤一　　图5-2-26　紧身低腰喇叭裤分割结构设计步骤二

### （三）紧身低腰喇叭裤试衣效果

#### 1. 紧身低腰喇叭裤样板放缝

脚口缝份一般为3~4cm，其余部位缝份均为1cm（图5-2-27）。

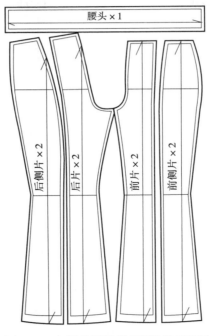

图5-2-27 紧身低腰喇叭裤缝份示意图

### 2. 紧身低腰喇叭裤3D试衣

根据紧身低腰喇叭裤样板进行工艺缝制试样，从三维角度观看成衣效果。正面纵向线分割增加了身高的比例，侧面裤子呈喇叭形态，背面喇叭裤比较显瘦（图5-2-28）。

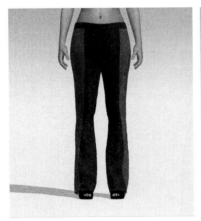

正面                侧面                背面

图5-2-28 紧身低腰喇叭裤试衣效果

### （四）实践题

根据穿着者的人体尺寸，设计紧身喇叭裤规格。在此基础上，按照图5-2-29中的款式图进行结构设计。

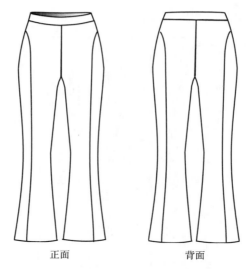

正面　　　　　　　　背面

图5-2-29　紧身低腰喇叭裤实践款式图

# 第三节　宽松裤纸样设计

## 一、宽松裤基本型纸样设计

### （一）宽松裤基本型款式分析

#### 1.款式特点

该款式属于阔腿裤造型，裤子绱腰头，前后裤片各设有一个腰省，因属于基本型结构设计，不设穿脱方式。

#### 2.宽松裤基本型款式图（图5-3-1）

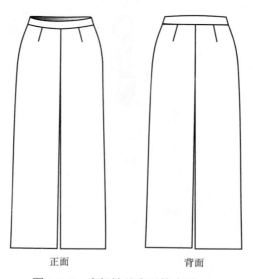

正面　　　　　　　　背面

图5-3-1　宽松裤基本型款式图

### 3.宽松裤基本型规格设计（表5-3-1）

根据165/70A规格设计宽松裤基本型的长度尺寸及围度尺寸。

**表5-3-1　宽松裤基本型规格设计**

单位：cm

| 长度尺寸 | | 围度尺寸 | |
|---|---|---|---|
| 横档线 | $\dfrac{号+型}{10}$ | 腰围 | 72 |
| 臀围线 | $\dfrac{号}{20}$ | 臀围 | 104 |
| 中档线 | $\dfrac{号}{5}$ | 前后差 | 1 |
| 裤长线 | $0.4\times$ 号 $+$（10~12） | 内缝点 | 2.5 |
| 后档低落 | 0.5 | 窿门宽 | $0.17H$ |
| | | 中档 | $\dfrac{H}{2}+4$ |

### （二）宽松裤基本型结构设计

#### 1.宽松裤基本型框架

（1）根据规格表尺寸，绘制裤子的长度及围度尺寸框架（图5-3-2）。

（2）在窿门宽的基础上，取档宽的前后差及内缝点（图5-3-3）。

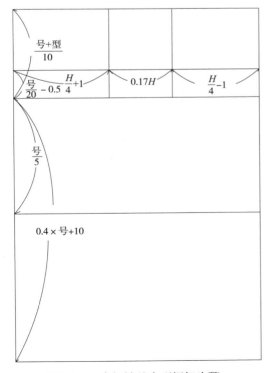

图5-3-2　宽松裤基本型框架步骤一

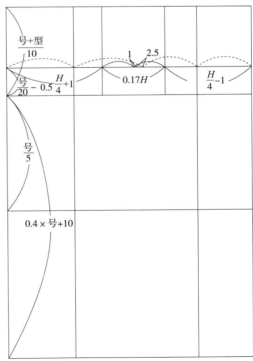

图5-3-3　宽松裤基本型框架步骤二

**2.宽松裤基本型结构设计步骤**

（1）在裤子烫迹线的基础上，确定中档宽，绘制内裤缝线及外裤缝线。绘制前后腰围及省道。绘制前后档弯弧线（图5-3-4）。

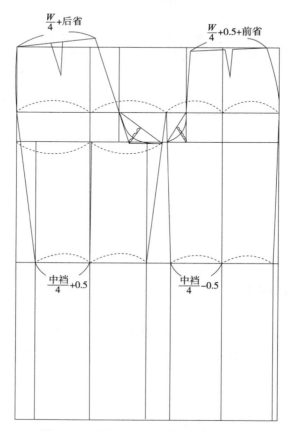

图5-3-4　宽松裤基本型结构设计步骤一

（2）作后裤片内侧缝及外侧缝的辅助线，绘制外轮廓弧线。因为是宽松式裤腿结构设计，所以前片设有内侧缝及外侧缝的弧线结构（图5-3-5）。

（3）绘制宽松裤基本型结构的轮廓线及裤腰（图5-3-6）。

**（三）宽松裤基本型试衣效果**

**1.宽松裤基本型样板放缝**

脚口缝份一般为3~4cm，其余部位缝份均为1cm（图5-3-7）。

**2.宽松裤基本型3D试衣**

根据宽松裤基本型样板进行工艺缝制试样，从三维角度观看成衣效果。正面裤子裤腿比较宽松；侧面的侧缝处有吊起；背面臀部服贴，裤腿比较宽松（图5-3-8）。

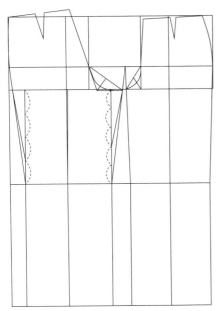

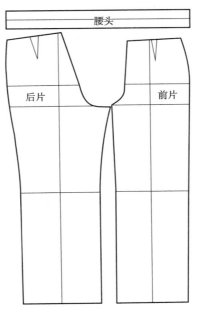

图5-3-5　宽松裤基本型结构设计步骤二　图5-3-6　宽松裤基本型结构设计步骤三

扫一扫可见宽松裤
基本型纸样设计
视频

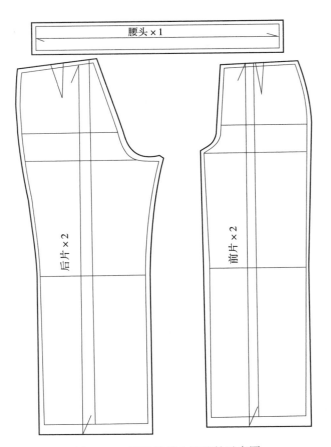

图5-3-7　宽松裤基本型缝份示意图

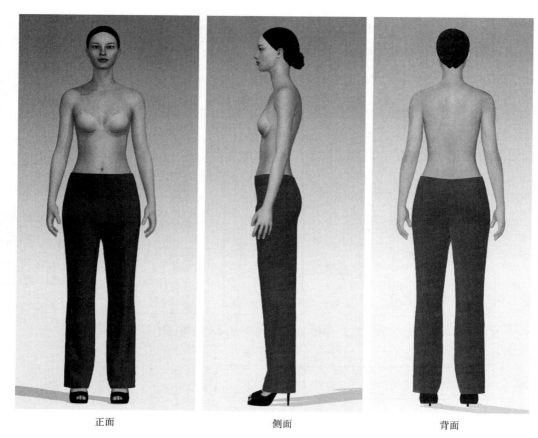

正面         侧面         背面

图5-3-8　宽松裤基本型试衣效果

**（四）实践题**

　　根据穿着者的人体尺寸，设计宽松裤基本型规格。在此基础上，按照图5-3-9中的款式图进行结构设计。

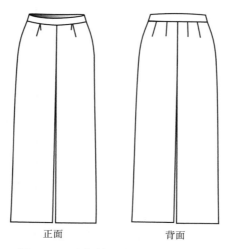

正面          背面

图5-3-9　宽松裤基本型实践款式图

## 二、宽松高腰阔腿裤纸样设计

### （一）宽松高腰阔腿裤款式分析

#### 1.款式特点

宽松高腰阔腿裤属于阔腿裤造型，腰线高于正常的腰线，裤腰有贴边，前后裤片各设两个腰省。因属于基本型结构设计，不设穿脱方式。

#### 2.宽松高腰阔腿裤款式图（图5-3-10）

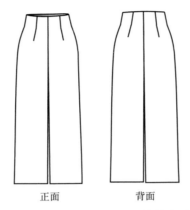

图5-3-10　宽松高腰阔腿裤款式图

### （二）宽松高腰阔腿裤结构设计

#### 1.宽松高腰阔腿裤框架

（1）在宽松裤基本型基础上，绘制宽松高腰裤结构图。通过缩短后裆缝斜线，改善基本型起吊的现象（图5-3-11）。

（2）在正常腰线基础上提高腰线，根据款式需求进行设计，一般在人体胸围线与腰围线之间取值，常规取值为在正常腰围线上方5~7cm。参考图5-3-12中高腰省的制图方法。

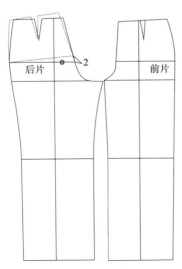

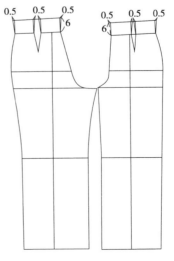

图5-3-11　宽松高腰阔腿裤框架步骤一　　图5-3-12　宽松高腰阔腿裤框架步骤二

**2.宽松高腰阔腿裤结构设计步骤**

（1）高腰结构设计一般采用腰贴设计，合并腰省设计腰贴结构（图5-3-13）。

（2）在腰部基础上，提取腰贴裁片（图5-3-14）。

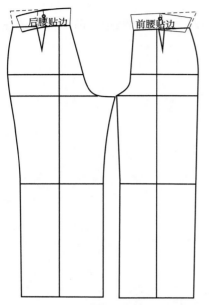 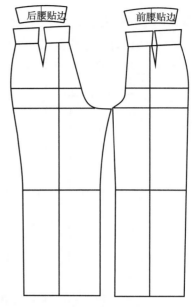

扫一扫可见宽松
高腰阔腿裤纸样
设计视频

图5-3-13　宽松高腰阔腿裤结构设计步骤一　　图5-3-14　宽松高腰阔腿裤结构设计步骤二

## （三）宽松高腰阔腿裤试衣效果

**1.宽松高腰阔腿裤样板放缝**

脚口缝份一般为3~4cm，其余部位缝份均为1cm（图5-3-15）。

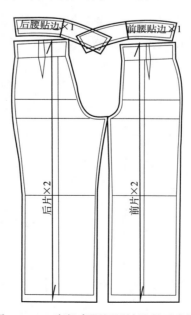

图5-3-15　宽松高腰阔腿裤缝份示意图

### 2.宽松高腰阔腿裤3D试衣

根据宽松高腰阔腿裤样板进行工艺缝制试样，从三维角度观看成衣效果。正面裤腰比较贴体，裤腿比较宽松；侧面的前后裤片平衡；背面腰与臀服贴，裤腿比较宽松（图5-3-16）。

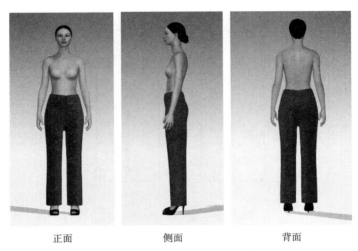

正面　　　　　　侧面　　　　　　背面

图5-3-16　宽松高腰阔腿裤试衣效果

### （四）实践题

根据穿着者的人体尺寸，设计宽松高腰阔腿裤规格。在此基础上，按照图5-3-17中的款式图进行结构设计。

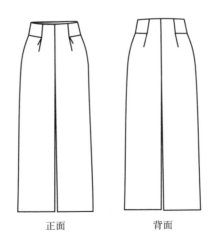

正面　　　　　　背面

图5-3-17　宽松高腰阔腿裤实践款式图

## 三、宽松工装裤纸样设计

### （一）宽松工装裤款式分析

#### 1.款式特点

宽松工装裤属于背带裤造型，前后设有背带，因属于基本型结构设计，不设穿脱方式。

### 2. 宽松工装裤款式图（图5-3-18）

正面　　　　背面

图5-3-18　宽松工装裤款式图

## （二）宽松工装裤结构设计

### 1. 宽松工装裤框架

（1）在宽松裤基本型基础上，进行宽松高腰裤结构设计。通过缩短后裆缝斜线，改善基本型起吊的现象（图5-3-19）。

（2）在调整好宽松裤基本型基础上，绘制裤子背带框架结构（图5-3-20）。

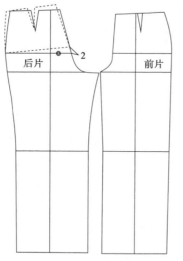

图5-3-19　宽松工装裤框架设计一　　图5-3-20　宽松工装裤框架设计二

### 2. 宽松工装裤背带结构设计步骤

（1）在背带框架基础上绘制背带的造型结构，根据款式自行设计。前片参考胸围线，后片参考肩胛骨线，设计背带的高低及大小（图5-3-21）。

（2）在背带框架基础上设计背带侧缝的弧线造型（图5-3-22）。

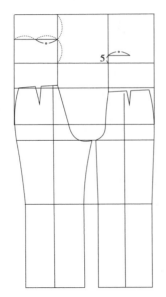 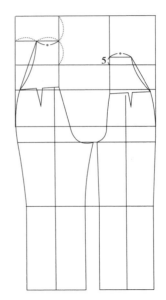

图5-3-21　宽松工装裤背带结构设计步骤一　　　图5-3-22　宽松工装裤背带结构设计步骤二

（3）在前后背带框架基础上设置背带的长度。因为是宽松裤型，将省道融入裤子腰线结构中（图5-3-23）。

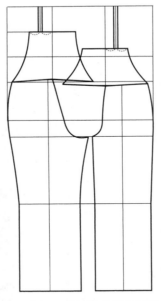

图5-3-23　宽松工装裤背带结构设计步骤三

扫一扫可见宽松
工装裤纸样设计
视频

### （三）宽松工装裤试衣效果

#### 1.宽松工装裤样板放缝

脚口缝份一般为3~4cm，其余部位缝份均为1cm（图5-3-24）。

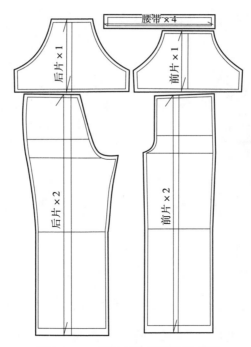

图5-3-24　宽松工装裤缝份示意图

## 2. 宽松工装裤3D试衣

根据宽松工装裤样板进行工艺缝制试样，从三维角度观看成衣效果。正面背带裤松紧适宜，侧面前后平衡，背面裆缝松紧适宜（图5-3-25）。

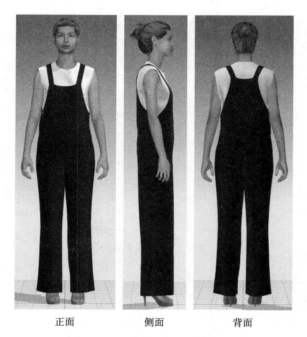

正面　　　　　　侧面　　　　　　背面

图5-3-25　宽松工装裤试衣效果

**（四）实践题**

　　根据穿着者的人体尺寸，设计宽松工装裤规格。在此基础上，按照图5-3-26中的款式图进行结构设计。

　　　　正面　　　　　　　背面

图5-3-26　宽松工装裤实践款式图